U0192207

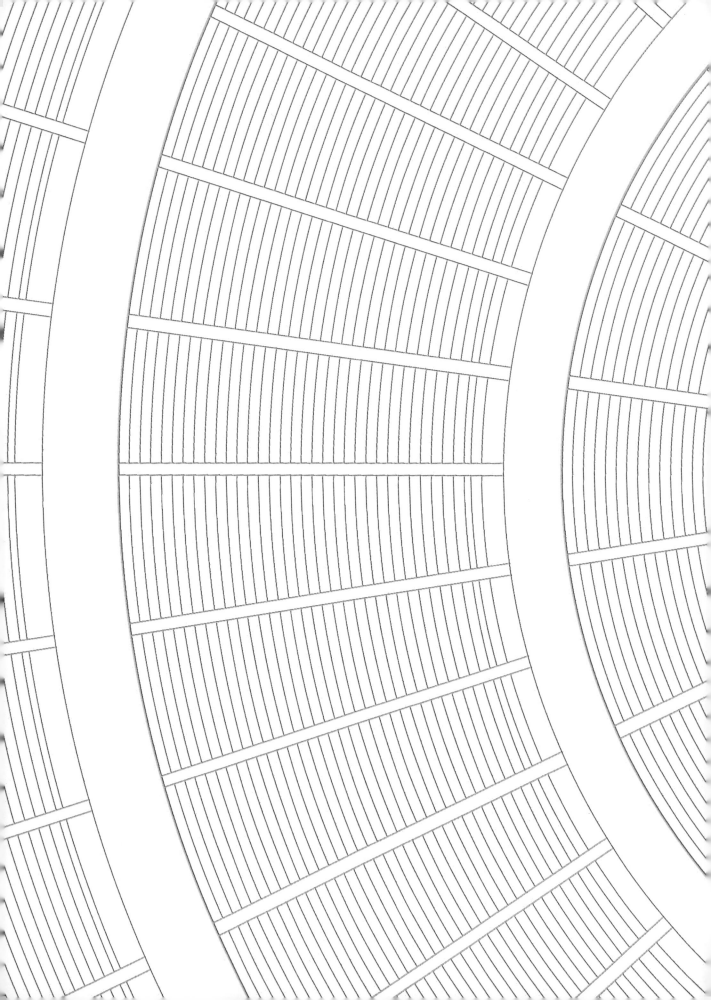

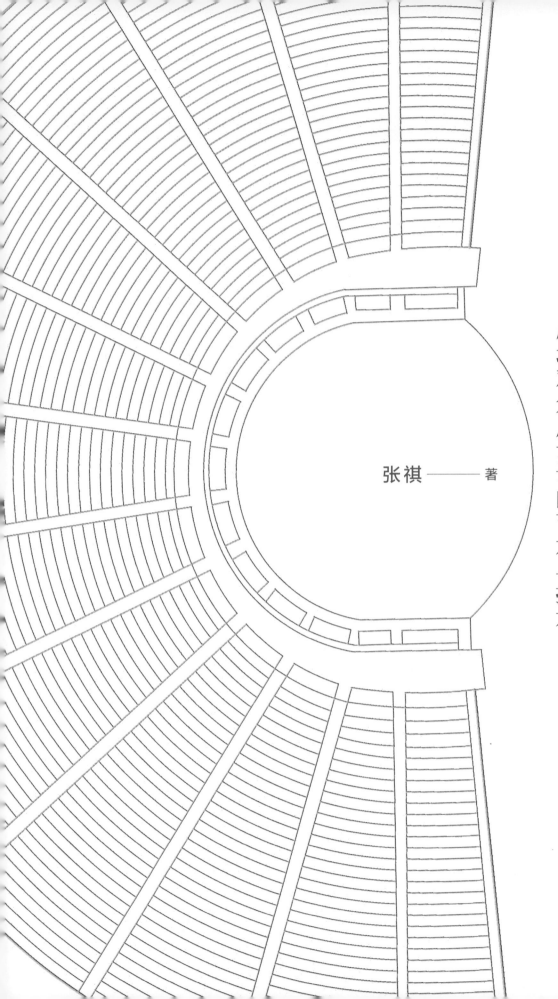

视美 与 听悦

剧场观众厅设计的艺术与技术

张祺——— 著

中国建筑工业出版社

序

今获张祺《视美与听悦》专著样书，甚为欣喜。

张祺总建筑师在清华建筑本科晚我两年毕业，算是我的师弟。1992年他研究生毕业后就在建设部设计院（现中国建筑设计研究院）做建筑师，从实习建筑师做到今天的院总建筑师，一路走来一直战斗在建筑学专业实践的第一线。他的作品颇丰，多次获得国家级、省部级重要奖项。然而，作为一线建筑师，能在繁忙的创作之余，完成颇具研究内涵的学术专著，实在难能可贵。

在清华读书时，我国剧场设计专家、我的导师李道增院士曾经说过，剧场设计是建筑里的"重工业"。因为剧场设计不仅有一般建筑的功能要求，还包括建筑学、声学、光学、戏剧学、心理学等多学科相融合的研究与实践。它必须考虑戏剧和表演的演绎特征和规律，考虑舞台的布局、舞台推拉升降等机械的设置，不仅包括布景、吊杆、电机、平衡重、天幕、面光、耳光、追光、升降舞台、乐池等，还包括观众视线计算、座椅升起、厅堂内表面装饰和声反射材料，以及混响时间的控制与声反射角度等；同时还必须考虑厅堂的空调方式、送风方式，以便进行背景噪声的控制；还有场内不同场景需求下的照明设计等。除此之外，剧场又被认为是再现表演艺术形式，使观众获得视觉和听觉享受的艺术殿堂，所以剧场的设计不仅牵涉上述繁复的技术因素，还要求建筑空间具有很高的艺术表现力。这就要求建筑师既是一个合格的设计者，更要有对戏剧、文化、音乐等的深度研究。李道增院士生前最重要的学术专著之一就是他编写的几大本《西方戏剧发展史》。这是建筑师在设计之上的研究，又是建筑师在设计之中的思考，还是建筑师在设计之后的总结。其实这种研究、思考和总结一直贯穿着作者理论和实践的全过程。

张祺作为资深建筑师，几十年的职业生涯使他在建筑设计上足以游刃有余，然而在剧场这类特殊的文化建筑设计中他又有了深刻的认识。他在书中说到，剧场既是让人用眼睛观看场景，又是用耳朵去聆听声音的空间，而剧场建筑设计不应该仅停留在解决视听问题的建筑技术层面，更重要的是要营造出视觉与听觉上的艺术效果，达到"视美"与"听悦"的至情体验。随着剧场的多样化发展，今天的剧场无论在技术性还是艺术性方面都获得了极大的提升，我们对于剧场的要求也不仅仅是满足使用功能，而是更加关注剧场空间给观者带来的"视觉至美"与"听觉享悦"的身体感受。显然，这就是本书的关键所在，也是作者希冀表达的关键点。

作者通过六个篇章，研究了戏剧与观众、剧场与观众厅以及剧场观众厅空间形态发展的历程，研究了剧场核心空间——观众厅的形态特征及形态生成的影响因素，同时从视觉呈现和观感审美角度出发，提出了视觉动力场的概念，进而通过对观众厅地面、顶棚、侧墙、后墙和舞台台口五个主要空间层面的分析来阐释观众厅空间形态的生成逻辑，并以此引出建筑空间优质声场以及声音效果的塑造等专业问题。专著的最后，作者通过自己主持的七个剧场设计的实践，对前述的理论研究和技术分析做了印证。

全书图文精美，论述深入浅出，对建筑师进行相关类型的建筑设计具有参考和启发性，对建筑学专业的学生学习和研究剧场建筑有其学术价值，对剧场建筑的表演者及观赏者亦是一本有益的读物。

今天的建筑创作，因人类需求的进步与发展，以及多项制约因素的作用，已变得相当不易；而能沉浸在其中，拨开这些繁杂，专注于创作背后的理论研究和技术总结，并撰写成几十万字的专著，则是令人钦佩的。

祝贺本书的出版。

庄惟敏

2021 年 4 月 28 日

剧场的历史就是人类形式的变型史,从
天真到反省,从自然到人工。
——德国艺术家奥斯卡·施莱默

前言

　　人存在于自然之中，与自然环境相生相融。大千世界万物竞现，其中呈现的景色需要去看，流露的声音需要去听，沉浸于其中的情境更需要去品味，需要用心去领略。人们建造剧场并演出的目的是看、是听，既要看到演员及舞台的视觉呈现，领略戏剧艺术之美，也要听到悦耳的声音，感受音乐的灵魂。

　　戏剧艺术不仅仅是一种展示手段，同时也是呈现社会思想、道德、时尚、娱乐的媒体。戏剧是活生生的艺术样式，演员通过舞台将这种流动在时间和感觉中丰富的人类体验，逐渐呈现在观众眼前，带给观众启发性与创造性的灵感。而剧场正是展现事件发生、发展的场所，是观众亲身体验与融入思考的地方。剧场建筑从公元前六世纪初至今已经跨越了两千六百多年，这样的公共艺术空间早已成为人们日常生活的重要组成部分，被视为社会中的一笔宝贵的建筑财富。

　　戏剧是人的声音借由修辞与技术力量转化而成的艺术作品，剧场是让人用眼睛观看场景、用耳朵聆听声音的空间。观察万物、体验建筑空间的感受离不开视觉的美好与听觉的愉悦，剧场建筑正是通过多种演绎方式将另一种想象带到观众的眼前和耳边。

　　观演建筑具有多学科、高度技术性和综合性、很强的艺术性和社会性的特征。剧场建筑的设计不仅仅是解决技术问题，更重要的是要营造出视觉与听觉上的艺术效果。我强烈感受到，一个好的剧场建筑设计除去其外在的形式表现，更重要的是其内在的美与悦。剧场中最重要的功能就是满足演员与观众良好的观演关系，让演员进入尽兴表演的状态，让观众得到视觉的至美享受与听觉的至情体验。而观众厅是营造观众感官体验的最重要空间，因此研究剧场的核心空间——观众厅的设计尤为重要。研究观众厅设计的艺术与技术，是提升观演建筑设计水平，使建筑从功能性走向艺术性，达到"视美"与"听悦"的关键所在。

如今，时代与社会的演进使剧场类型更加普及并多样化发展，在技术性和艺术性等方面，剧场建筑都获得了巨大提升，因而作为剧场建筑中最重要的空间——观众厅，其视觉观感与听觉体验就成为最重要的要素。视觉与听觉感受是观众和演员彼此交流、故事事件完美呈现的关键所在。观众厅设计也不仅仅是简单的厅堂艺术与技术设计，其所表现的场景既要呈现视觉之美，满足人体工程学中必要的视觉因素，又要营造完美的声场环境，使人在厅堂之中不仅能够清晰地赏悦声音，更能够激发听者情景延伸后的体验与想象，与其自身经历相对应，产生想象力与创造力，从而完美地捕捉事物的美与心灵的悦。仅能满足基本使用功能的剧场建筑已经不能满足使用者的需求，我们更加关注的是剧场空间所带来的"视觉之美"与"听觉享悦"的身体感受，这是我们对剧场观众厅设计思考的核心所在。

我坚持完成这本书的写作，是出于我对剧场建筑的兴趣及设计的机缘。早在清华大学读书时，我就随王丙麟先生、康健学长在三年级声学设计实习的小学期里，进行过三周的剧场调研、测试工作，对剧场的建声设计有了初步的了解。毕业后我于1996年中标北京大学百周年纪念讲堂，又和王丙麟先生合作，完成了工程设计。近年来，我有幸主持设计完成了青海大剧院、江西艺术中心、黄河口大剧院、邯郸幼儿师范高等专科学校演艺中心等多个风格各异的剧场建筑，内容包括歌剧院、音乐厅、多功能排练厅等多种类型。从项目的设计到建成，我在同各个专业的合作中积累了实践经验，对剧场建筑设计有了更深的认识。

本书就剧场观众厅设计艺术表现与技术实现展开论述，全书共分为7章。第1章戏剧与剧场，主要论述剧场中戏剧与观众、剧场与观众厅，以及剧场观众厅空间形态发展历程等问题；第2章剧场的核心空间——观众厅，论述观众厅空间形态的影响因素、观众厅平面形态多样性及剖面形态关联性的研究；第 3 章视美的呈现，从观感与审美、视知觉与视觉动力场、剧场观众厅的视觉动力场三个角度分析视觉带来的感受；第 4 章观众厅空间形态设计，从空间的基面与界面分析观众厅空间地面、顶棚、侧墙、后墙、舞台台口五个层面的问题；第 5 章听觉的体验，从听觉的感知潜力、音的质量与评价、观众厅空间声学设计要素等方面论述听觉带给人耳的享悦体验；第 6 章观众厅的声场效应，研究建筑声学、优质声场及声音效果塑造的问题；第 7 章作品，介绍笔者剧场设计的实践。结语为"今天与明天的剧场——视美与听悦"，对剧场设计当下与未来思考进行探讨和总结。

本书是在笔者主持的中国建筑设计研究院立项科研"剧院（音乐厅）观众厅布局和空间设计的艺术形态与关键技术研究"的基础上，结合指导研究生张一闳对"剧场观众厅视觉动力场分析与空间形态设计"的专项研究、参加修编《剧场建筑设计规范》（JGJ 57—2016）观众厅部分内容，以及具体工程设计的经验，经过数年研究后整理完成。

本书的一个重要目的是为建筑师、音乐家、声学家、艺术家及关注剧场演出的观众提供帮助。书中不仅系统地研究了剧场设计过程，而且就剧场观众厅设计的艺术与技术问题，从视美与听悦两个角度来阐释观点。当然，任何观点都不可能尽善尽美或是一成不变，书中的结论还需要在实践中不断地完善修正，并在时间的长河中经历检验。

目录

第 1 章 ——— 戏剧与剧场

戏剧是时代综合而简练的历史记录者。

——莎士比亚

观演建筑是指以"视""听"为主要功能，为文艺演出和活动提供场所的建筑。剧场、音乐厅、电影院是观演建筑的三种基本类型，其中剧场建筑按剧场的主要上演剧种分为歌舞剧剧场、话剧剧场、京剧及地方戏剧场、其他类型剧场。不同类型的剧场建筑有着各自不同的功能及观演需求，其相互交织的文化内涵与娱乐性格构成了观演建筑个性表达的基础。

"观"与"演"所对应的两个空间是剧场建筑中相互组合的重要空间，一个是为表演艺术服务，一个是为观众观演服务。维系这两者之间精妙的平衡是建筑设计成功的关键。处于观演空间中特定时间、特定场景中的人——观众，所发生的行为、心理现象及其产生的原因，同样值得当今的剧场设计师们研究与探讨。作为本书的第一部分，对戏剧、剧场、人三者之间紧密关系的探讨显得尤为必要。

1.1 ———— 戏剧与观众

何谓"戏"？戏不是一件事物，而是一个事件。戏剧为观赏者提供了做此事及观看此事的过程，一个"戏"的剧情便因此诞生。

戏剧是一种在观众眼前逐渐形成并由演员逐渐向观众呈现的艺术形式，往往表达的是正在发生的事态。现场的每一台演出，即使是同一个剧目，也会因演员、观众在不同时刻的表现，而呈现出不一样的反响。每一场出色的戏剧所演出的都是演员们在彼时彼地向观众传达的"特殊气场"。戏剧往往围绕一个特定的冲突建构,聚焦于这个冲突之上的剧情赋予了剧目意义和思想。戏剧向人呈现主题、思想和启示,观众可以接受,可以评论,也可以慢慢品味。戏剧让人观赏生活中的缩影,它以恰当的方式通过演员的表演,成为可以为更多人欣赏的艺术。

公元前5世纪古希腊戏剧将神话、传说、诗歌,以及哲学、舞台、音乐等融为一体,开创了悲剧和喜剧两种戏剧形式,剧中的各种人物成为后世的文化原型。希腊戏剧为未来的西方戏剧奠定了基础,同时公众的参与为人们发表评论及思考人生提供了社会平台,使之迄今屹立于历史上最伟大的戏剧艺术之林。

中国戏曲起源于原始歌舞,主要由民间歌舞、说唱和滑稽戏三种不同艺术形式综合而成,是一种历史悠久的综合舞台艺术样式。它包含文学、音乐、舞蹈、美术、武术、杂技及表演艺术等方面,将众多艺术形式以一种标准聚合在一起,在共同具有的性质中体现其个性。中国第一个形式清晰的剧种——杂剧(混合剧)出现在10世纪的宋朝,并在元世祖忽必烈统治时期达到鼎盛。中国戏曲经过长期的发展演变,逐步形成了京剧、越剧、黄梅戏、评剧、豫剧五大剧种。它们凝聚着中国传统文化的美学思想精髓,构成了独特的戏剧观,使中国戏曲在世界戏曲文化的大舞台上闪耀着独特的艺术光辉。

1.1.1 ——— 仪式性表演

据研究表明,戏剧与人类文明一样,起源于非洲。早在公元前6000年,就有数百个古非洲部落出于宗教或文化原因,或是召唤神灵、祈福天地,或是为了纪念生活中的重大事件、决定时刻,社会成员们共同进行集体典礼式的表演。

仪式是戏剧之源,表演者通过对集体生活中的神话、信仰、传说和家族传统理念进行强化和再创造,以仪式表演的方式将集体记忆流传至今。中国最早的仪式性表演有祭祀目的,多为集体的有仪式感的行为。云南沧源县有近四百年历史的翁丁佤寨，保留了完整的佤族习俗，是中国最后一个原始部落。佤族牛头般的符号烙印在寨子的各个角落，每到佤族年节新火节时，村里德高望重的老人用古老的取火方式燃起新火，村民们围绕着手持火把的舞者，共同舞蹈祭祀，祈求新的一年吉祥安康（图1-1-1）。

中国广西桂南钦州一带至今保留着传统节日跳岭头节，因其活动多在村边岭上举行而得名，是汉族民间传统节庆习俗。节日多在中秋节前后十余天内举行，个别地方在农历三月或十月间举行，是当地仅次于春节的节庆活动。届时，各村屯竭塘捕鱼，家家户户宰鸭设筵，同时还请"岭头队"（师公）到村边岭上进行舞祭活动。师公戴着面具，表演"抛偈"（舞蹈）和"唱格"（歌舞）；一些地方还兼有武术和"斗法"（民间魔术）表演，以此方式祭祖敬神（图1-1-2）。

1.1.2 ——— 叙事性表达

具有仪式感和纪念性的表演活动随着各地方传统的宗族礼制延续至今，人们通常会身体力行地参与在具有仪式性的戏剧之中，具有观者与表演者的双重身份。在早期部落仪式表演中，已经出现如舞台布景、服装、面具、化妆、音乐、舞蹈、台词等一些戏剧表演中必不可少的元素。虽然这种表演只

图 1-1-1　佤族新火节仪式

图 1-1-2　跳岭头节表演

是表达一种部落中的集体崇拜，但是在教育孩子或客人——观者方面也发挥着潜移默化的作用，戏剧化的仪式形式已呈现出戏剧的雏形。

尽管仪式性表演没有以物质形态得以保留至今，但我们仍然可以看到戏剧在整个人类文明长河中流传下来的两个重要元素：仪式和叙事。无论表演采用何种形式，戏剧与人的关系都与这两个元素密切相关。仪式活动出现不久之后，叙事性的艺术表达随着语言的发展诞生，而且两种形式很快融合，人们在仪式中，以叙事的方式讲述先辈的冒险经历，由此形成了讲故事的人与听故事的人两种身份。讲的人会采用"扮演"的方式表现他所表述的人物特征，而听者被吸引，围绕讲者专注聆听；两者之间因故事的精彩而产生交流和互动，逐渐进入"演员"与"观众"的角色。

如果说仪式是具有恢弘气质的集体表达，那么以叙事性的方式表演则更加亲切、日常和平实，也便于接受与传颂。中国少数民族多以传颂的口头方式和歌舞方式记述生活经历，《欢乐调》以纳西人烧香、赶马、打猎三大日常娱乐活动为主要题材，是云南丽江纳西人在节日时共同唱跳、广为传唱，继而逐渐形成的以记叙日常为主的叙事性表演方式。此外，类似表演方式在20世纪40年代末的欧洲也非常盛行，诞生了《唐璜》《卡门》《俄狄浦斯王》《三角帽》等精彩的戏剧。那时候的戏剧有丰富的色彩，华丽的戏装，光影的变化，跳跃的思维和激昂迸发的台词，还有巧妙的机械装置，创造了神秘和令人惊奇的场景。公民观看戏剧，是在通过追述的方式找寻逝去的优雅。

1.1.3 —————— 演员与观众的"能量传递"

通过戏剧表达的冲动，演员与观众"交流"的渴望被暗示出来，戏剧中的演员渴望在自己与观众之间展开一场对话，在这种对话中传递着人与人之间特殊的"能量"。

演出中，表演者和观众之间的默契是观众厅环境场中的能量之首。二者呼吸同样的空气，在同一个空间里关注着舞台上同样的戏剧事件，在同一时间几乎能触摸到相互感应的状态："观众的每一个反应——笑声、叹息声、

1　罗伯特·科恩.戏剧 [M].
费春放，梁超群，译.北京：
北京联合出版社，2020.

掌声、喘气声或者鸦雀无声——都直接影响到每个演员的表演。现场戏剧演出，即使是自然主义戏剧，始终是舞台和观众席之间的双向交流。"[1]

　　戏剧在观众之间缔造的关系是它的第二个能量。观众独自或两三个人结伴来到剧场，和其他观众一起融入共同的经历，产生共同的情绪起伏和身体反应。这种反响不会发生在电影院，因为电影观众基本上是单个地与银幕建立关系，极少会做出集体的强烈反应。电视剧也不可能造成这种广义的共同反响，一则因为它的观众通常是个体或小组；再则，频繁的广告使观众不能全神贯注。与之相反，观众同时到达现场，聊天攀谈，在该过程中能够相互沟通的现场戏剧演出引发了社会化的观众活动。他们能够感受到其他观众的笑声、掌声及共同参与演出的过程，从起伏、高涨的情绪，到最后的喝彩。是演员与观众一起理解和欣赏了一场精彩的戏剧演出，掌声不仅是献给演员的，也是给观众自己的。在现代的剧场中，往往利用"舞台"与"观众厅"的不同构成关系进一步突出观众与演员的交流，在不同的情境下更加完美地展现出剧目的思想与灵魂。

1.2 —— 剧场与观众厅

　　剧场诞生于戏剧之后，指特定的、由永久性的建筑体构成的表演场所，亦可作为表演场所的总称。剧场英文 theatre 一词，源于古希腊语 theatron，意为"看的场所"，一个观看事物的地方。《现代汉语词典》里关于剧场的解释是："供演出戏剧、歌舞、曲艺等所用的场所"。《剧场建筑设计规范》（JGJ 57—2016）中对剧场的解释为：设有观众厅、舞台、技术用房和演员、观众用房等的观演建筑。剧场建筑设计是发挥创造力和个性的最佳实践项目，影响剧场建筑设计的因素包括技术复杂性、专业协同设计及建筑技术条件限制等。

　　剧场作为观演建筑的主要类型之一，具有专业性强、设计要求精细的特征。剧场的观演空间——观众席和观众厅是剧场中重要的场所，是观众经过休息厅、前厅、大厅后到达的最具目的性的空间，在这里不仅要满足观众观看不同剧目的功能要求，同时亦要满足观众欣赏艺术作品的心理与感官需求。

1.2.1 ——— 观演方式

剧院通常指室内的表演场所，而剧场并不一定仅仅是一个封闭建筑，剧场同时适用于户外广场及室内建筑。最古老的希腊剧场不过就是一块圆形的平地和一片自然的山坡，演员在平地上有节奏地吟诵、舞蹈，观众则在依山而建的席位上就座。剧场显然是一个非常特别的地方，它可以简单到只是一个演出空间和一个视听空间的组合，也可以有功能齐全的舞台及设施完备的观众厅。

随着生活方式的变迁，戏剧艺术早已成为人们生活中不可或缺的重要组成部分。同样，剧场建筑也因在城市建设中扮演了重要的角色而备受关注。早期东方和西方的剧场多以露天的室外剧场为主，观众围绕中心舞台呈扇形或环形欣赏或参与演出（图1-2-1）。随着戏剧的普及与发展，简单的剧场形

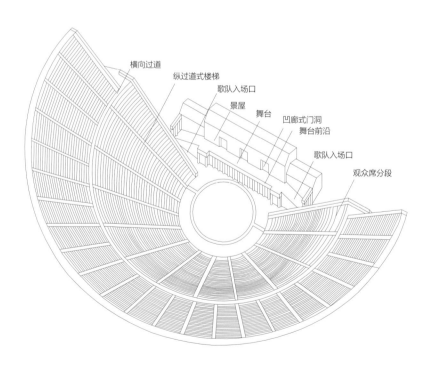

图1-2-1 希腊时期典型剧场

式已不能满足使用的功能需求。其不仅要容纳更多的观众，还要满足每个人看向舞台的视线要求，拾级而上的观众席便逐步取代了依山而建的石凳。这种观演方式既改善了视线，同时也改善了音响效果，使舞台上的声音能够不受环境声的干扰，更加直接、有效地传递到观众的耳朵里。随着结构、材料和技术手段的进步，剧场建筑为观演提供了更优越、舒适的视听空间，成为人们精心构造的建筑。

室内剧场的兴起，使剧场变为拥有更大跨度的演出空间和更耐久的建筑实体，这也使得早期很多优秀的剧场得以保存至今。例如法尔内塞剧场（Farnese Theater，1618 年建造，意大利帕尔马市）观众厅为 U 字形，座席三面环绕一块平坦场地，后面呈半圆形，座席后面有拱券环绕，镜框台口呈正方形，是目前存留下来最古老的一座有镜框台口的剧场。中国最早的西式剧场澳门岗顶剧院，是葡萄牙人在澳门殖民时期，由一些热衷于音乐艺术的葡萄牙人于 1857 年集资兴建的固定的表演娱乐场所，虽经历几番波折和修建，但整栋剧院的主体建筑保存基本完整。2005 年，岗顶剧院与其他一批澳门历史建筑作为世界文化遗产被列入《世界文化遗产名录》之中。

1.2.2 —— 演出空间

剧场的分类可以按照剧场规模、用途、经营模式划分。其空间组成可分为四部分：前厅、观众厅、舞台区、后台区。其中舞台区是属于演职员的表演空间，后台区是为舞台区服务的空间，舞台区与后台区都属于剧场的演出空间。

演出空间的魔力就是能够通过具体的表演形式，让隐形的东西现形，让彼时的场景再现，让观众看到原本抽象的事物的存在。一群人和一群乐器在舞台上被"附体"，进而升华出艺术作品。就像指挥家并没有创造音乐，而是在被音乐创造一样。音乐响起，他的身体松弛而开放，舞台上的所有人和乐器跟随着音乐的旋律行进，一种精神就在舞台上展现出来，进而被观众所体验、所感知。这是一个好的观演建筑的演出空间应该达到的境地。

剧场的演出空间不仅仅与红幕布、聚光灯、台词等元素关联，实际上，如果把观众厅场景当作空的舞台，当观众进入这个空间，另一个人看着，就已经有"戏"的成分存在。因此在现代剧场的演出中，演出空间与观演空间之间往往相互交织。

1.2.3 ——— 观看空间

历史上最古老的演艺场所可以追溯至古希腊时期为祭祀酒神狄俄尼索斯而建的剧场。早期露天剧场的观演空间是用石块在山坡上修筑起扇形的层层看台，环绕着中间的一小片平坦的表演区，形成了最初"观"与"演"关系的基本建筑形式。时至今日，"观"与"演"的关系依旧存在，其引发的形式、规模的变化却颇为丰富。

在观看空间中，演员与观众间存在着的"看"与"被看"的微妙关系同样值得讨论。一方面，"观"和"演"两个复杂的行为同时发生于观众厅中，观众和演员进行着不同的行为活动却又相互影响，即使相同的观众或演员，在不同时间、不同空间，其感受的差异化也依然存在。按照传统程式化方法设计的剧场，在当代已经很难满足两类使用者日益增长的使用和感受需求。另一方面，演员做动作既是出于自己的内心需求，也是为了说话对象。观众对他们来说既在也不在，既被无视也被需要。演员的工作既不是为了观众，也永远是为了观众。观众是演员的搭档，演员却必须既忘掉又时刻铭记这个搭档。演员的动作是自身的声明和表达，是交流，也是孤独的表现形式。

演员与观众之间就这样建立起看与被看的联系，一些未曾亲身感受过的体验被分享出来。他们或许会在精彩的戏剧表演中形成两种方向的高潮：一种是演员与全场观众共同欢呼、鼓掌形成的庆祝的高潮；另一种是观众对戏剧集体认同和欣赏而表现出片刻安静的沉默的高潮。鼓掌与沉默不同的方式是对戏剧给予观者深刻影响的不同反应，是看与被看的一种互动的能量转换与记忆的连通，是共感能量交换与激情迸发的精神导引。

1.3 ——— 剧场观众厅空间形态发展

剧场观众厅不同的空间形态可以反映出不同的时代下戏剧形式对演出空间的影响。空间形态类型的演进和固化反映了人类剧场建设经验的积累和对声学认识的深化。东方的戏剧通常为一种写意的艺术表演形式，讲究时间和空间的瞬间转换，更加注重戏剧表达的意境。中国传统戏剧建筑都是伸出式舞台，观众围绕舞台三面观看。而西方扇形或半圆形的露天观众席围绕表演场地，则可以看出古希腊时期人们对祭祀表演活动的崇敬。从中世纪观众和演员相对隔离，产生了舞台和观众席相互隔断的表演形式，形成了封闭式观演空间，这与中世纪的社会现实有很大关系。现代敞开式舞台虽然与古希腊露天剧场形式上相似，但却是对演出形式和互动的观演关系深入考量后的设计结果。戏剧的发展和社会状况影响着剧场观众厅空间形态的发展变化，同时，观众厅声学技术的发展也带来了观演关系的变化，丰富了表演方式。

1.3.1 ——— 中国传统剧场

中国汉语语言以音节发音及音调变化为基础，具有半音乐式的形式。中国戏剧唱多说少，所以中国传统戏剧统称为戏曲。据记载，早在公元前一千多年前的殷代，中国已经出现利用自然地形观看歌舞表演的"宛丘"。《诗经·陈风》中"坎其击鼓，宛丘之下"的表演场景，就是对居于高地的宛丘中围观表演者的看席的描写。

中国传统剧场建筑经先秦时代祭祀鬼神的原始聚落居民的表演行为，演化至汉代的"百戏"盛行。"百戏"中混合了体育竞技、杂耍杂技、歌舞装扮等一系列表演形式。此时主要的表演场所例如广场、楼阁、庭院、厅堂等，基本以临时性的搭建为主，少有固定建筑。随着朝代更迭，百戏的表演内容更加充实，佛教寺院和殿前庭院逐渐取代了临时搭建的戏台，成为重要的表演场所。到隋唐五代之时，宫廷演剧繁荣起来，歌舞剧的表演形式也开始出现，剧场建筑有了进一步的发展，出现了相对固定的演出场所，看戏的称为

"戏场""场屋"，同时出现比较固定的用于演出的"台"，记载有民间正月十五，城内"绵亘八里，列为戏场，百官起棚夹路，从昏达旦，以纵观之"，戏场上有各式杂技、歌舞演出，有"高棚跨路，广幕凌云"的描述。

至10世纪的宋朝，"露台"演出得到很大发展，人们用石垒或木筑成，皇帝在露台对面的楼上看戏，百姓就在露台下的四面围观。随着城市经济的繁荣，新兴的市民文化推动了戏剧的发展，逐步形成了第一个形式清晰、内容丰富、情节更为完整的宋杂剧。同时，在城市中开始出现专门的演剧场所——勾栏，勾栏往往集中于一区，称"瓦子"（图1-3-1），例如今河南开封的北宋都城东京，娱乐场所多称为"瓦市"，杂剧剧场称为"勾栏"。当时一个瓦市里至少有50个勾栏，最大的勾栏甚至可容纳数千人，可见中国当时文化艺术的繁荣及戏曲演出的成熟。

元朝的外族统治，迫使城市文化活动低落，勾栏从此衰退。而这时的戏剧文化表现出更多的民主反抗精神，促进了戏剧在民间的流传，戏剧发展到

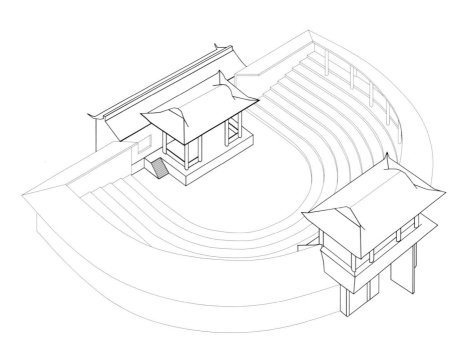

图1-3-1 宋代的瓦子

一个新的高峰——元杂剧。

元代民间的戏台形制逐渐完善，有前台和戏房，基本上是三面围观的形式。为适应平地广场上群众观剧的要求，戏台高度达1.5m。同时，元代戏台在舞台原则和表演手段上都得到了一定程度的丰富和完善。"元曲"作为元代集大成者的戏曲形式的定型，使中国的戏曲艺术在元代达到从未有过的高峰。

明代的剧场建筑在早期遭到遏制，明中叶之后，民族文化的复兴、资本主义的发展带来工商行会的出现，不少会馆戏台应运而生。同时以皇帝、富豪个人赏戏为目的的私宅演剧戏厅和酒楼剧场得到发展。因此，公共与私人两种剧场空间在明清时期并存。这个时期，庙宇剧场有了较大的发展，临时剧场也非常多见。到了清代，庭院式戏台在宫廷园囿中发展壮大，其中以承德福寿园清音楼、故宫宁寿宫畅音阁和颐和园德和园大戏台最负盛名。随着戏曲艺术的高度发展，地方戏剧也蓬勃兴盛起来，国内约有三百多个剧种形成，中国戏曲剧种达到了鼎盛阶段。同时，剧场类型也更加多样，除庙宇剧场外，祠堂剧场、会馆剧场、私宅剧场、商业戏园、皇家剧场都得到空前发展，剧场空间格局也更加多样。

庭院式剧场在明清时期的发展，使得一些会馆剧场最后演变为在功能、结构和形式上都更为完善的定型化室内剧场。北京安徽会馆是旧京著名会馆，作为清代古建筑，被国务院批准列入第六批全国重点文物保护单位名单。会馆占地面积约9000m²，分为中、东、西三路庭院，每路皆为四进，其中戏楼是中路规模最大的建筑，系旧京四大会馆戏楼之一（图1-3-2）。

湖广会馆戏院是北京专供京剧演出的传统戏院，戏台采用传统矩形平面，伸出于池座中，观众席三面围绕，楼座环绕，设置12个包厢，最多容纳听众420名。戏台采用方砖地面，墙体、门窗和戏台均为木结构。由于戏台伸入池座，室内听众席均有足够的直达声。因跨度较窄，具有较强的早期侧向反射声使得戏院的音质条件良好（图1-3-3、图1-3-4）。

中国古代的戏台建筑并没有特定的形式，往往与当地的地方风格和风土文脉相协调，建筑风格因地制宜。中国古代的剧场建筑历时三千多年，经历

图1-3-2 北京安徽会馆内景透视

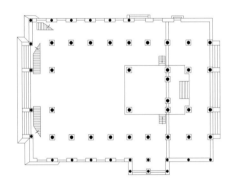

图1-3-3 北京湖广会馆一层平面图

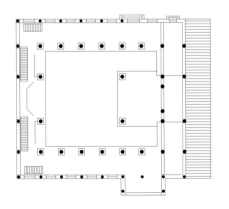

图1-3-4 北京湖广会馆二层平面图

了宛丘、观坛、戏场、勾栏等建筑形式,至明清发展成为以庭院围廊环绕戏台为基本形式的剧场,对其他国家尤其是亚洲各国的观演建筑有着深远的影响(吴硕贤,2019)。

北京颐和园中德和园大戏楼高达21m,建筑为三层,分别称"福、禄、寿"。上两层有活动的盖板,台下有五口井,是扮演鬼怪出没的机关;戏台两侧的回廊供大臣看戏;正殿的门内是主人的座席。德和园大戏楼是我国目前保存最完整、建筑规模最大的古戏楼。中国京剧艺术经过多年的演变,最后成为一个完美的剧种,与德和园大戏楼有极大的关联。德和园大戏楼具有重要的艺术价值和历史价值(图1-3-5~图1-3-7)。

视美与听悦 剧场观众厅设计的艺术与技术

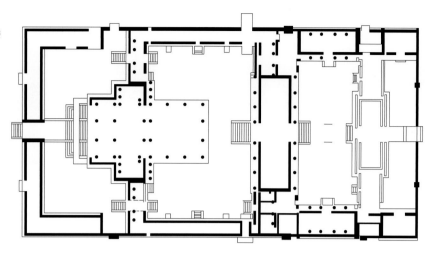

图 1-3-5 颐和园德和园大戏楼
平面图

图 1-3-6 颐和园德和园大戏楼剖面图

图 1-3-7 颐和园德和园大戏楼演出照片

1.3.2 ——————— 西方传统剧场

西方戏剧源自对生活的追叙和对美好现实的渴望，在公元前 550～前 500 年的古希腊，雅典的市集广场中便有了围绕一棵白杨树做表演场地、用木凳或木板搭起看台的室外表演空间的雏形。

西方剧院建筑的发展可以追溯到公元前古希腊的露天剧场。公元前 5 世纪建成的希腊雅典狄俄尼索斯剧场，又称酒神剧场，被认为是世界上的第一座剧院（图1-3-8~图1-3-10）。它切入雅典卫城南崖面依山而建，在普尼克斯山丘旁自然天成的碗状凹地中，建成一个能够容纳全体市民的集会场所。酒

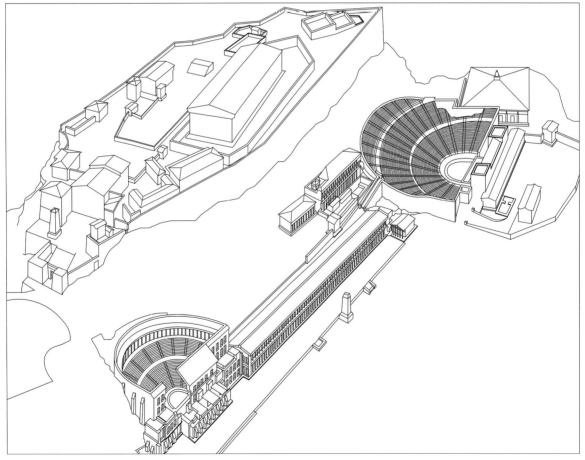

图 1-3-8 狄俄尼索斯剧场（酒神剧场）

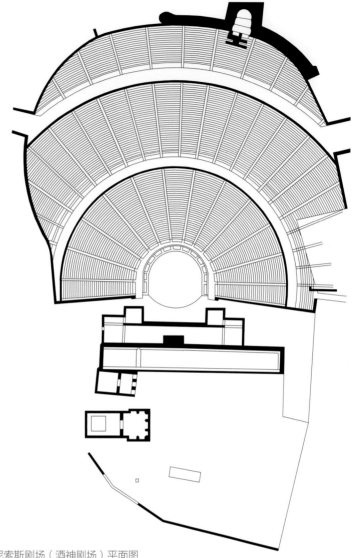

图 1-3-9 狄俄尼索斯剧场（酒神剧场）平面图

神剧场坡度很陡的座席保证了较好视线的同时，还依靠直达声的扩散形成良好的声场。这个用于祭祀酒神的大型永久性剧场从此解决了古希腊喜剧、悲剧都在雅典卫城勒纳圣殿前很小的一块场地上演出的问题。卓越的声学效果使它成为当时雅典最大、最理想的戏剧庆祝地点。可承载 1.7 万名观众的酒神剧场，在任何一点都能听清楚舞台上演员的台词及音乐席的演奏声，古希腊人对音乐与艺术的热爱也因该剧场的创造有了更加多样的表达。

古罗马时代，由于拱形顶棚技术及混凝土材料的应用，剧场不再依托山势，而成为独立的建筑。中心圆形剧场演变为半圆形池座，舞台后台与池座、观众席形成整体。到了中世纪时期，戏剧演出被长时间禁绝，剧场的发展进入停滞期，直到 16 世纪，维特鲁威《建筑十书》的"重新发现"和透视学的提出，对建筑舞台布景产生了极大的影响，使其由绘景代替了原来的景屋，让剧场舞台空间迎来了一次巨大的革新。

萨比奥内塔剧场（Teatro Sabbionatta，1588 年建成，意大利曼托瓦省萨比奥内塔市）为多功能剧场，是一座长约 36m，宽约 12m 的长方形建筑。舞台面向观众席倾斜，台口在平面上呈一定角度，形成按照透视要求向台深方向逐渐缩小的侧景。观众席与舞台之间留有一片平整的场地，作为马展、舞蹈和哑剧表演的场地。观众厅后墙呈半圆形，代表了文艺复兴时期剧场形式的演变主流。

随着社会文化、戏剧及建筑技术的发展，剧场逐渐演变为完善的永久性剧院。1778 年建于意大利米兰的斯卡拉歌剧院（Teatro alla Scala）是当时欧洲最大、设备精良的意大利巴洛克式剧院的代表作。由于巴洛克式的马蹄形多层包厢歌剧院具有良好的视觉和听觉效果，它作为一种模式，在欧洲和世界各地广泛传播。

斯卡拉歌剧院布景的布置采用了当时极为典型的方式：舞台宽敞，留有足够的空间，可布置与台口在平面上呈一定角度、按照透视要求向台深方向逐渐缩小的侧景。观众厅中池座沿水平方向排布，把各层所有廊道都分成小间的包厢，从舞台方向看观众席的后墙和侧墙，就像是一个个小"蜂窝"似的。包厢的隔墙朝着舞台的方向，以避免遮挡视线。斯卡拉歌剧院虽然二战期间毁坏严重，但战后重新修复，其外形与 1778 年时的原样仍十分接近，内部观众厅最上一层的通廊在重修中取消，加大了排距。演出者均对剧场的声学效果很满意，但从观众的角度看，厅内两侧包厢的视线条件很差，池座的某些位置不可避免地出现声聚焦的现象（图 1-3-11~ 图 1-3-16）。

绞车

新建的石头座席

绞盘

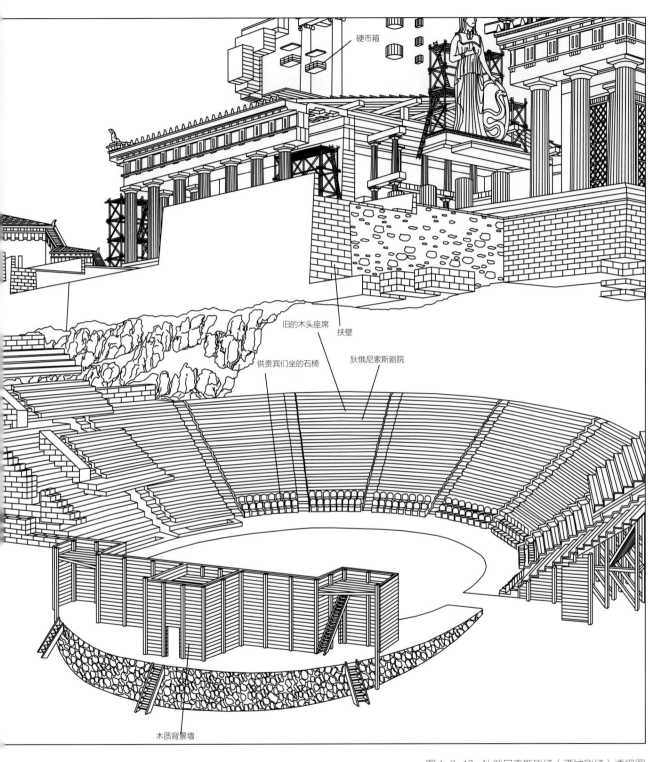

硬币箱

旧的木头座席
扶壁

供贵宾们坐的石椅
狄俄尼索斯剧院

木质背景墙

图 1-3-10 狄俄尼索斯剧场（酒神剧场）透视图

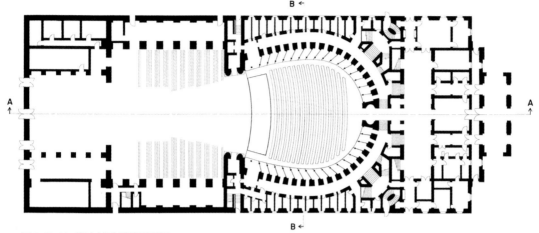

图 1-3-11　斯卡拉歌剧院平面图

图 1-3-12　斯卡拉歌剧院 B-B 剖面图

　　　　　　　　　　　　　　　　　　视美与听悦　剧场观众厅设计的艺术与技术

图 1-3-13 斯卡拉歌剧院观众厅剖面图

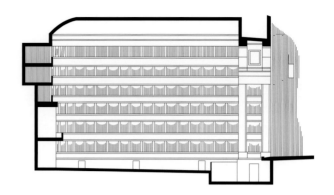

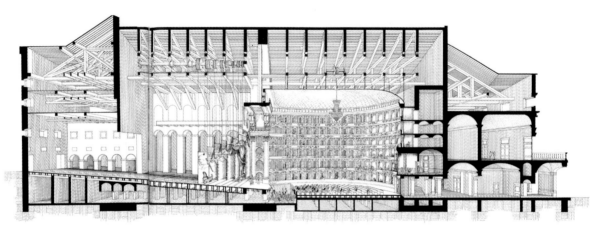

图 1-3-14 斯卡拉歌剧院 A-A 剖透视

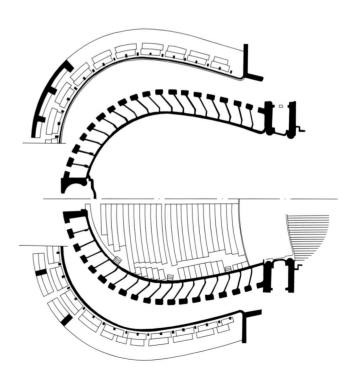

图 1-3-15 斯卡拉歌剧院观众厅平面图

图1-3-16 斯卡拉歌剧院内景照片

1.3.3 ——— 近现代剧场

近代中国传统戏剧表演场所类型更加多样化，但是因为建筑形制、使用需求的特殊性，建筑规模在19世纪以前普遍较小，内部的观演空间并非严格意义上的观众厅。至19世纪，随着西方剧场形式的大量引入，中国剧场建筑进入了改良时期。

中国最早的西式剧场——澳门岗顶剧院，始建于1857年，在当地热衷音乐艺术的葡萄牙人的倡议下建设筹办，耗时十余年，最终于1868年建成。岗顶剧院为新古典希腊复兴风格，是中国第一个放映电影的场馆（图1-3-17～图1-3-19）。中国早期还有一个重要的西式剧场——上海兰心剧院，是1867年由上海运动事业基金董事会出资建造的一座木结构剧场，不久毁于火灾。

20世纪20～40年代，镜框式舞台剧场确立了主导地位，商业剧场进入最为繁荣的时期。新中国成立以后，中国的戏剧发展进入旧戏的改良与新剧的创造两个方向。50年代初，文化艺术地位的提升使艺术成为重要的宣传工具，剧场发展进入新的时期，受苏联、东欧的剧场技术影响很大。剧场在学习其他国家建设经验的同时，在专业技术和声学设计上仍然有很大的局限性。进入20世纪80年代，国家开始有序地建设剧场，尤以大城市为主，

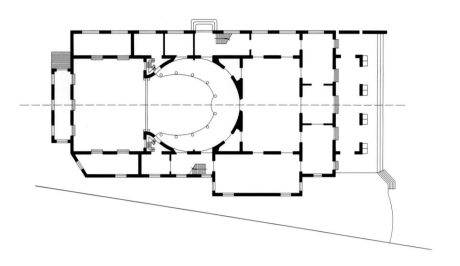

图 1-3-17　澳门岗顶剧院平面图

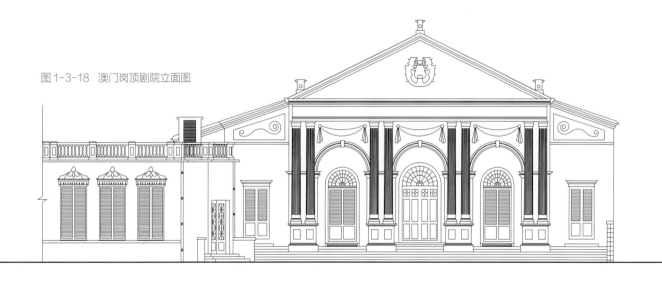

图 1-3-18　澳门岗顶剧院立面图

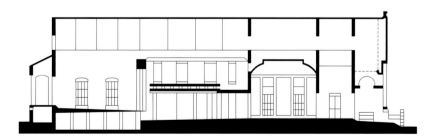

图 1-3-19　澳门岗顶剧院剖面图

舞台机械等技术设计水平得到了很大的提升。进入 21 世纪，以 2007 年落成的中国国家大剧院为标志，国内省会城市和经济发达省份的城市都开始新建和扩建剧场，一大批综合性剧场开始为市民所使用。剧场开始成为城市生活的重要功能，并逐渐成为城市发展的标志性建筑。

虽然这一时期的剧场设计和技术都属于目前国内的较高水平，但是整体建筑规模、观众厅形式仍趋于单一，变化不多，主要受以下两方面因素的影响：一方面是由于各地的剧院建设从根本上来说是以改善城市形象为目的，因此剧场的定位与我国表演艺术规模的实际状况存在很大的差距。由于对当地戏剧文化需求的研究相对薄弱，剧场建筑设计时偏重于多种表演形式均适用的设计原则，形成了相对单一的建设及设计模式，多样化程度不高。另一方面则是由于目前国内的专业技术设计水平相差无几，为达到观众厅视觉、听觉设计中的关键数据经验值，设计手法相对单一，造成了剧场建筑观众厅设计中专业特色突出的实例不多。

尽管如此，大量的剧场建筑的建成与运营，还是实现了实践经验的积累，形成了技术研究的数据基础。通过对目前国内剧场建筑案例的研究及数据分析，可以寻找到改善的设计方法和技术手段，进而探索建筑的多样化表现形式。

进入 19 世纪后半叶，西方剧场取得了蓬勃的发展。铁和钢材在建筑中的普遍应用，使得结构设计从建筑专业中分离出来，成为独立的专业。结构骨架开始使用钢材，舞台机械装置和电气照明得到了很大发展，剧场设计在技术上迎来质的变化。

维也纳金色大厅（Grosser Musikvereinsaal，1870 年竣工，奥地利维也纳）是音质达到 "A+" 顶级音质的世界三大音乐厅之一。奥地利维也纳音乐协会大楼内 6 个主要音乐厅中最大的 "大厅" 被称为 "金色大厅"，内部可容纳观众 1680 位。音乐厅平面为矩形，在声学还未明确提出系统理论的时期，建筑师凭借对共鸣与传声独到的研究心得，进行剧场声学设计。设计师在高台的木制地板下挖出一个空间，并仔细计算楼上包厢的划分与墙面女神柱的排列方法，天花板和墙壁使用了防静电干扰的建材，令厅内的听众不论坐于远近高低，都能享受到同样高水平的音乐演奏（图1-3-20～图1-3-25）。

拜罗伊特节日剧院（Bayreuth Festspielhaus，1876年建成，德国巴伐利亚州拜罗伊特镇）由作曲家瓦格纳设计，是世界上第一座打破了曾经统治欧洲剧场设计达两个世纪之久的巴洛克马蹄形多层包厢观众厅模式的剧场。重新将希腊古典剧场中的座位排列方式及几何原则合理地运用到现代有顶的室内观众厅里来，既解决了观众厅中的视线问题，又附带改善了声学效果。它第一次规定观众厅内座席平面布置上要受到所谓"水平控制角"的限定，即从台口一侧与最偏座位间的连线与剧场纵向中轴线相交所形成的夹角不超过30°；同时，最高的座位俯视舞台与台口大幕线处与舞台平面所形

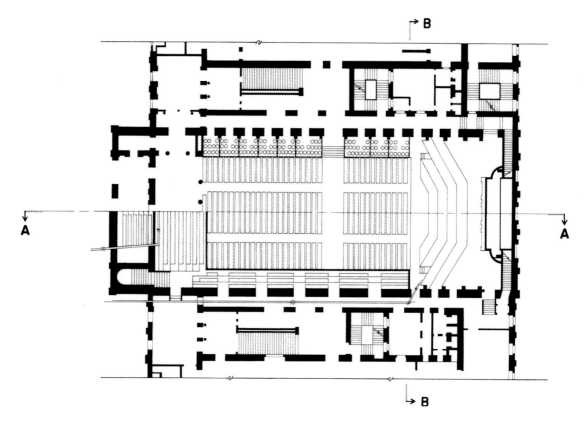

图1-3-20 维也纳金色大厅池座平面图

图 1-3-21 维也纳金色大厅楼座平面图

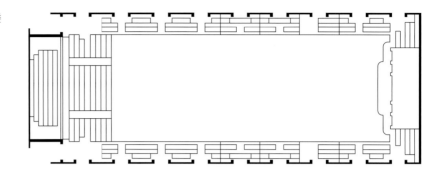

图 1-3-22 维也纳金色大厅剖面图

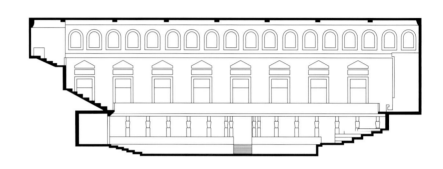

图 1-3-23 维也纳金色大厅 B-B 剖面图

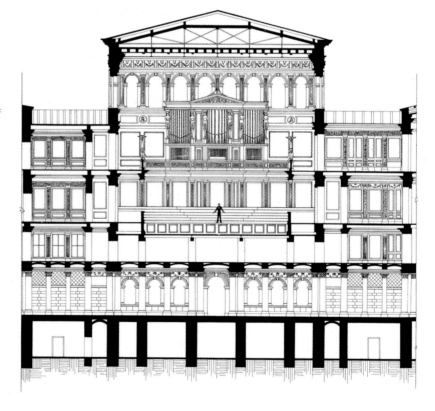

图 1-3-24 维也纳金色大厅
内景照片

图 1-3-25 维也纳金色大厅
A-A 剖透视

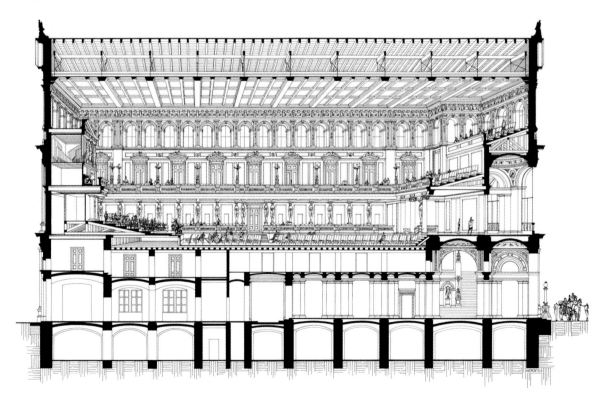

成的夹角（简称俯角）也不超过 30°。这种理性的分析摒除了传统多层包厢的观众厅方案，代之以地面升起较大的台阶形、面向舞台排座位、平面呈楔形或扇形的方案（图1-3-26～图1-3-29）。

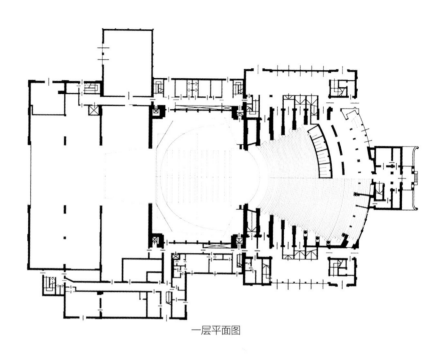

一层平面图

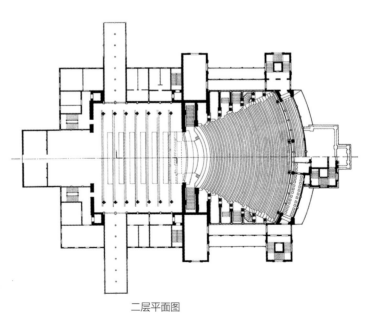

图 1-3-26 拜罗伊特节日剧院平面图

二层平面图

　　　　　　　　　　　　　视美与听悦　剧场观众厅设计的艺术与技术

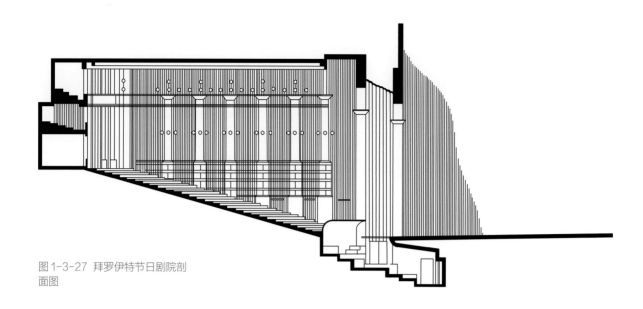

图 1-3-27 拜罗伊特节日剧院剖
面图

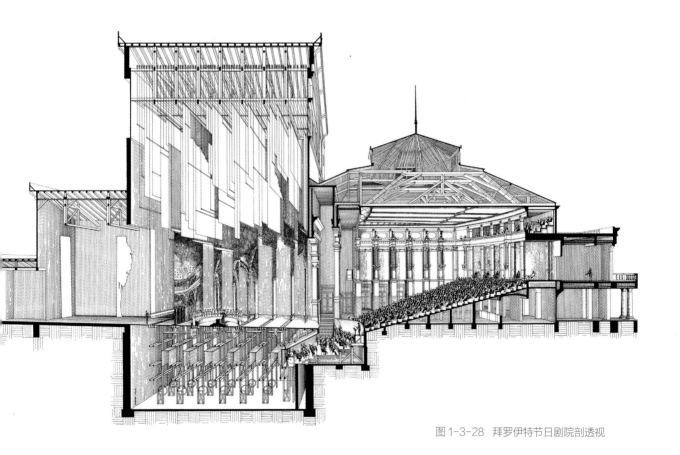

图 1-3-28 拜罗伊特节日剧院剖透视

第 1 章 戏剧与剧场

图1-3-29 拜罗伊特节日剧
院内景照片

20世纪始，西方国家逐步形成了以开放型剧场为主的形式，形成了包括中心式舞台、伸出式舞台、尽端式舞台、环绕式舞台和半环绕式舞台等多样化的舞台形式。

柏林爱乐音乐厅（Berlin Philharmonie，1963年建成，德国柏林）是二战后第一个中心式舞台音乐厅，观众席被分割为若干块，围绕舞台错台升高，形成"葡萄园台地"的布局方式。高低错落的平台形成的竖向墙面大大增加了侧向反射声，产生良好的音乐环绕感，高高隆起的顶棚使音乐厅的每座容积高达9m³。柏林爱乐音乐厅因其良好的声学性能使人们普遍接受了其创新的观众厅形式，并成为被效仿的模式（图1-3-30～图1-3-33）。

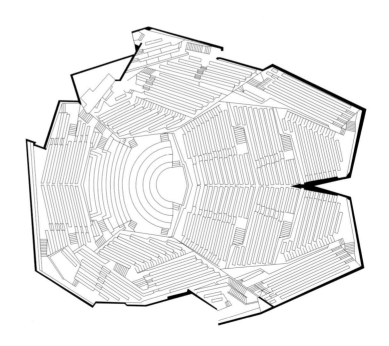

图1-3-30 柏林爱乐音乐厅平面图

视美与听悦　剧场观众厅设计的艺术与技术

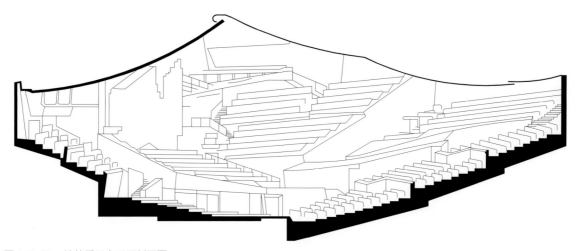

图 1-3-31　柏林爱乐音乐厅剖面图

图 1-3-32　柏林爱乐音乐厅内景照片

图 1-3-33　柏林爱乐音乐厅剖透视

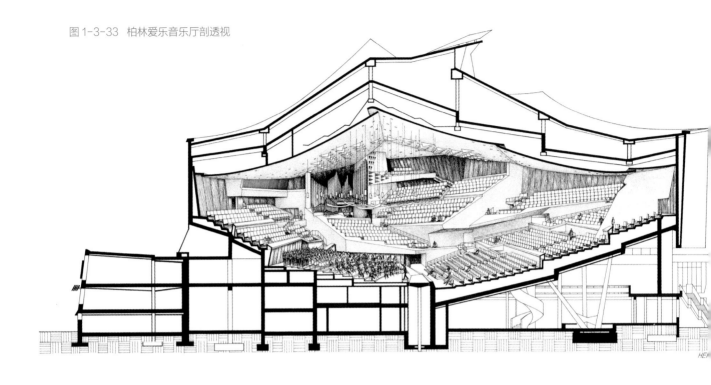

科隆歌剧院（Teatro Colon，1908 年建成，阿根廷布宜诺斯艾利斯），按照 19 世纪欧洲大剧院的传统建筑形式设计，为马蹄形三层包厢四层楼座观众厅，容积较小，顶部、侧向反射声的强度合适，混响时间中频满场约 1.8 秒，接近交响乐的理想值，是公认的世界三大歌剧院之一[1]。

纽约大都会歌剧院（Metropolitan Opera House，1966 年建成，美国纽约）同为世界三大歌剧院之一，可容纳观众 3816 人，规模宏大。观众厅平面近似扇形，五层座位加上一层大挑台，中频全满场混响时间约 1.7 秒。设计中为防止声聚焦，挑台前沿都被分成一段段凸弧形，每段凸弧设有向观众厅中央倾斜的小斜面，以加强池座中央的反射声（图 1-3-34 ～图 1-3-40）。

蓬皮杜中心声学 / 音乐研究所（Institut de Recherche et Coordination Acoustique/ Musique，1977 年建成，法国巴黎）观众厅为长方形，顶棚升降部分可控制容积，顶棚、墙面通过遥控转动 3 种不同表面构成的三棱柱单元板块，可以很快形成 6 种不同声学特性的表面，混响时间可为 0.8~4.0 秒，是声学效果最富于变化的观众厅空间。

1　世界三大歌剧院为纽约大都会歌剧院、斯卡拉歌剧院、科隆歌剧院。

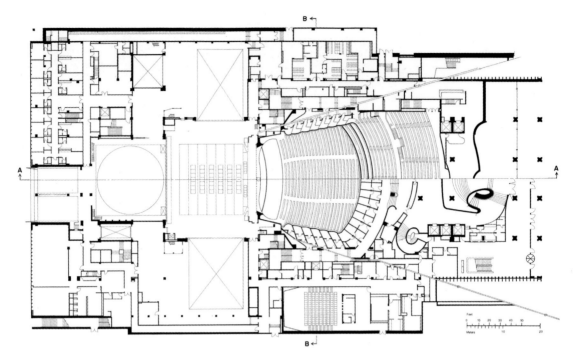

图 1-3-34　纽约大都会歌剧院一层平面图

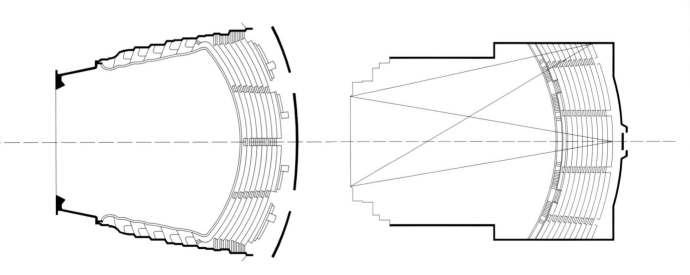

图 1-3-35 纽约大都会歌剧院三层楼座平面图　　　图 1-3-36　纽约大都会歌剧院五层楼座平面图

图 1-3-37 纽约大都会歌剧院剖
面图

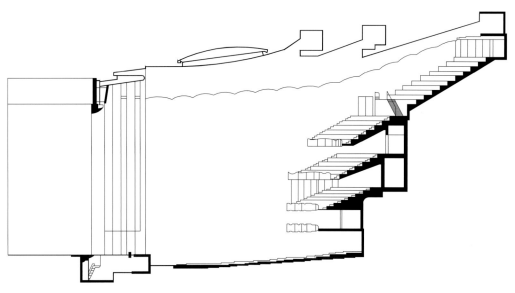

图 1-3-38 纽约大都会歌剧院
A-A 剖透视

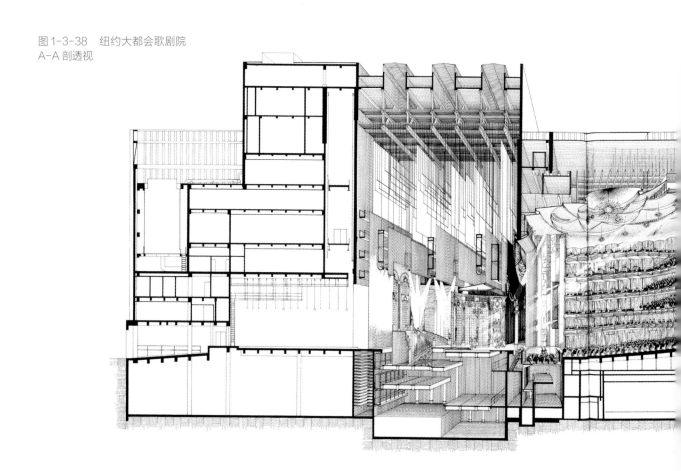

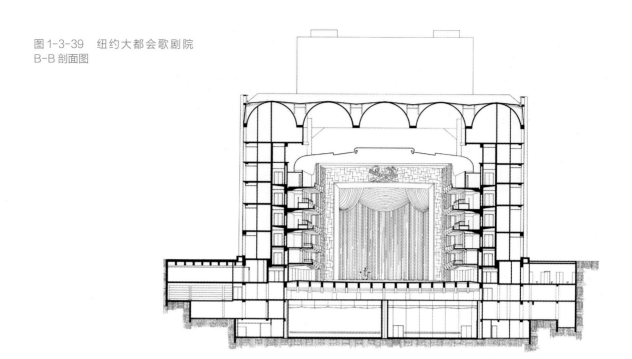

图 1-3-39 纽约大都会歌剧院
B-B 剖面图

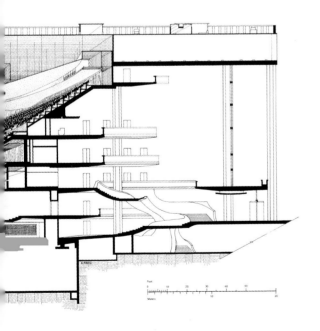

新国立剧场歌剧院（New National Theatre, Opera House，1997 年建成，日本东京）采用扇形平面多层楼座观众厅，可容纳观众 1810 人。池座采用扇形平面，侧墙设有三层跌落楼座，后面为锯齿形墙，以使池座和楼座听众获得足够的侧向反射声。台口前的凸弧形侧墙和顶部反射面采用"数论扩散体"（QRD）以弥补池座前、中区缺乏的早期反射声。其声学设计目标是将声音均匀地射向观众，且比一般剧场中声级要高一些。

千禧公园露天音乐厅（杰·普立兹音乐厅，Jay Pritzker Pavilion，2004 年 7 月建成，美国芝加哥）由著名建筑师弗兰克·盖里设计。千禧公园面积为 24 英亩（约合 9.7 万 m²），露天音乐厅、云门和皇冠喷泉是千禧公园中最具代表性的三大后现代主义建筑。露天音乐厅建筑的顶棚

图 1-3-40　纽约大都会歌剧院内景照片

犹如泛起的片片浪花，舞台上部的弧形反声板是由 679 个不锈钢面板构成的一系列弯曲结构，音响系统成对布置在曲线结构上。每个音符萦绕时长约 2 秒。这座能容纳 7000 人的大型露天观众厅则由纤细交错的钢构架在大草坪上搭起网架天穹，营造了极具视觉冲击力的公共空间。这与芝加哥早前中规中矩的建筑风格形成鲜明对比，让人耳目一新（图 1-3-41、图 1-3-42）。

　　从古希腊为了祭祀酒神狄俄尼索斯建造了世界上最早的剧院建筑开始，戏剧、剧场经历了漫长的发展演变历程。从最开始的进行祭祀、宗教活动的露天剧场，到罗马形成独立的剧场建筑，再到中世纪宗教式的戏剧专用剧场，文艺复兴时期高大宏伟、装饰繁复的豪华剧场，最后到现当代具有完整、成熟技术的各类型歌剧院、音乐厅，剧场建筑逐渐成为人类精神生活不可或缺的一部分。

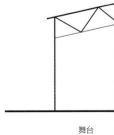

图 1-3-42 千禧公园露天音乐厅声学设计（浅色填充为扩音器及其扩声方向，远处扩音器进行电声延迟，让远处游客认为声音是从舞台传来的；深色填充为声学增强扬声器及其扬声方向，塑造立体声，模拟室内剧场声音的反射，屏蔽外围城市的噪声）

舞台

图 1-3-41 千禧公园露天音乐厅照片

剧场建筑设计不能仅仅满足各种规范条文和数据分析，而应针对使用者的心理活动和主观感受进行分析和归纳，形成系统化、艺术化的观演空间，提升观演空间的视、声、光等因素的品质，创造特有的观演场所氛围，为演员及观众提供舒适的心理感知空间环境。同时，我国的剧场发展也应该根据不同地方的地域文化和戏曲演出形式，做出相应变化，形成具有地方特色的戏曲演出空间，将珍贵的传统戏剧文化传承和发扬下去，使剧场成为人民文化生活的重要场所。

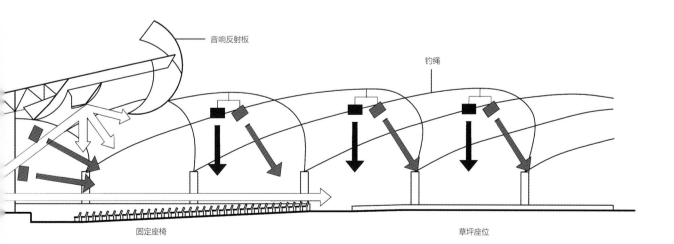

剧场的核心空间

观众厅

第 2 章 ————

观众是最迷人的学问。

——美国戏剧家小罗杰斯·M.菲尔德

无论对演员还是对观众来说，剧场建筑重要的功能就是演出和观看，表演空间包括舞台（主舞台、侧舞台、后舞台）及舞台设备等要素，观看空间包括观众席及耳光、面光等辅助设备设施。观演空间形态作为使用者进入观众厅捕捉到的第一要素，通过外在表象在第一时间向使用者传递了建筑内在的组织逻辑、结构、内涵等，并通过视觉、触觉、听觉等感觉，给人留下生理和心理两方面的印象。

观众厅是剧场建筑内观众欣赏戏剧表演等艺术形式的空间，是剧场建筑功能的核心空间，其设计的品质直接影响到观演行为的品质。观众厅里演出开始前后和演出进行中的灯光、音响的变化会为观众带来不同的体验，从而形成独具特色的剧场观演氛围。

观众厅形式的变化反映出新的戏剧形式不断出现的现状和人们对新的观演关系类型探索的渴望。平面形态类型的逐步发展和固化同样反映了长久以来人类剧场建设经验的积累和对声学认识的深化。戏剧的发展和社会状况也影响着观众厅平面的发展变化，使其不断更新。因此，梳理剧场观众厅空间的形态发展尤为重要。

2.1 —— 观众厅空间形态的影响因素

观众厅是剧场建筑空间中复杂度及技术要求非常高的空间，其内部空间可分为楼座、池座、包厢等观众观看演出不同区域的空间。剧场观众厅的空间形态受到多种因素的影响：由视线关系导出的逐级升高的座位排布；由建声设计形成的体型丰富的观众厅形态设计；为观众厅观演灯光、音响设计服务的耳光室、面光桥、追光室、音响等设备用房布置等构成的面对观众的三维界面。

从广义上来讲，观众厅包括观看空间和表演空间两个区域。作为戏剧表演的承载空间，观和演两个行为构成了观众厅最主要的活动场，也对观众厅形态有着重要的影响。观众厅的观众席一般由楼座和池座组成；根据不同的观众容量和观演形式需求，池座也可以局部提升，或设置多层楼座。舞台包括主舞台、后舞台、车道、乐池、大幕等要素。观众厅舞台形式、台口变化及观众席的形状，也是观众厅基本形态重要的影响因素。

2.1.1 —————— 舞台与观众席

空间形态是建筑空间的基础，它决定了空间的整体感受和环境氛围，是建筑被人们所感知的首要元素。现行剧场建筑设计规范对观众厅的解读是"观众观看演出的空间"。观众厅空间包括观众席空间，与演员进行表演的舞台空间有着密切的关系。因此，在对观众厅空间形态进行设计思考时，要综合考虑舞台与观众席的关系。

舞台和观众席的关系从根本上体现的是演员和观众的关系，当把演出作为主体的时候，舞台成为空间的关键；当把观众的感知作为首要因素时，观众席是空间的中心；而当观众和演员需要互动的时候，尽管观众席和舞台之间存在一定的距离，但演员和观众之间的交流存在更多的可能性。

在观众厅中，舞台和观众席都可能成为中心。在传统剧场中，一般情况下表演者是整个空间的焦点，因此舞台是观众厅空间的中心，观众席围绕舞台形成围合或半围合的状态；而对于一些新兴的戏剧表演，可能将观众置于核心，而观众席是空间中心，舞台围绕观众席设置，形成环绕式舞台的布局。

1. 中心式舞台

中心式舞台的形式基本上源于传统戏剧活动产生的根源——宗教祭祀表演，即在一片空地上围合出表演空间，之后发展为舞台位于观众厅中心的室内空间，舞台被观众席所包围。这种舞台形式的优点是观众和演员可以直接沟通和交流；但是因为布景道具等的限制，无法上演歌剧、芭蕾舞剧等布景复杂的剧种，在演出类型上具有局限性。

中心式舞台的布置方式能够获得更紧密的观演关系。这种舞台方式一般有两种可能性，一种是原始表演，舞台为最基本的视觉中心，观众围绕舞台自由形成观看区域；另外一种是当代镜框式舞台发明之后，人们重新考虑圆形舞台，不再受现实主义布景的束缚，从镜框台口的限制中获得了更大的自由。

最早的中心式舞台可以追溯到古罗马竞技场，之后随着镜框式、伸出式等舞台形式的发展，在对音质要求高于布景变幻的音乐厅设计中应用得比较广泛。其中比较著名的有皇家阿尔伯特音乐厅（Royal Albert Hall，1871年建成，英国伦敦）（图2-1-1~图2-1-6）及柏林爱乐音乐厅。

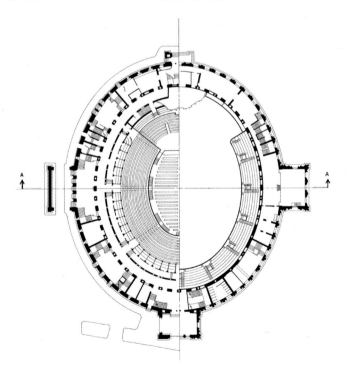

图 2-1-1 皇家阿尔伯特音乐厅平面图

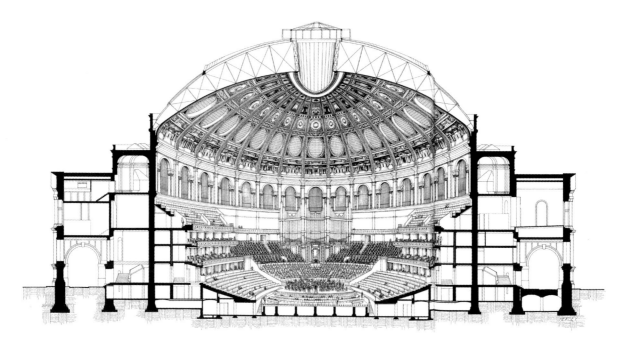

图 2-1-2 皇家阿尔伯特音乐厅 A-A 剖透视

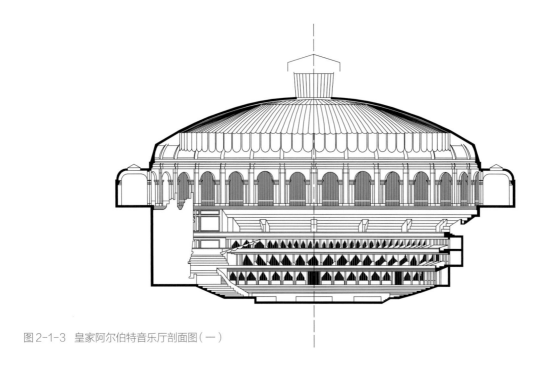

图 2-1-3 皇家阿尔伯特音乐厅剖面图（一）

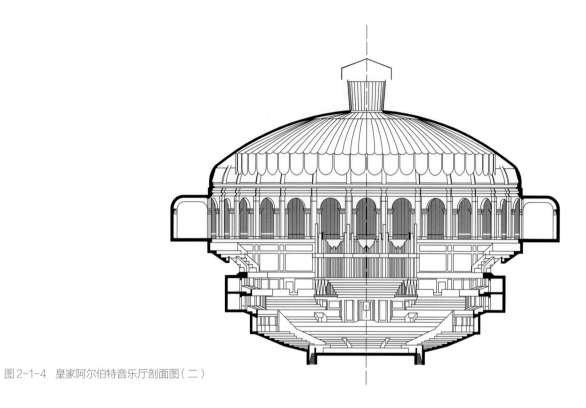

图 2-1-4 皇家阿尔伯特音乐厅剖面图（二）

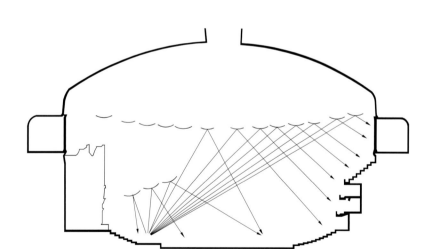

图 2-1-5 皇家阿尔伯特音乐厅声反射图

图2-1-6 皇家阿尔伯特音乐厅内景照片

2. 环绕式舞台（中心式观众席）

与传统的现实主义戏剧的表现形式不同，在开放式戏剧表演的观演关系中，演员并不是唯一的主角，观众的观看感受和反应及其与演员的互动是表演的重点。在这样的模式下，观众成为空间活动的主体，演出围绕观众展开。这就促成了观众中心式的舞台——环绕式舞台形成。这种演出形式的灵感来源于印度围绕菩提树转行的朝圣者，在这种布局中，观众处于类似于菩提树的神圣地位，虽然进行表演活动的是演员，但是处于观众厅核心地位的却是观看者。

环绕式舞台是一种与中心式舞台观演关系完全相反的舞台形式，表演区域围绕观众席并在某个节点扩大，形成主要的演出区域。这是对新型观演关系的一种探索，既不是旧戏剧风格的复兴，也不是对古典形制的重新演绎，很难在剧院的发展历史中溯源。但是，这样的舞台形式同样达到了使演员和观众产生亲密关系的目的。

2013年赖声川的话剧《如梦之梦》在保利剧院上演，剧场观众席配合剧目环绕式的演出需要进行改造，采取四面环绕主舞台的观众厅设置。其中位于舞台中央的观众区，座椅可以进行360°旋转，观众可以根据自己的需

图 2-1-7 《如梦之梦》剧照

要调整座椅的角度。尽管这台话剧时长达八个小时之久，但是演员在四周的舞台上，其穿行式的表演给观众带来置身剧里的临场感，也带来了独特的观演感受（图2-1-7）。

3. 偏心式舞台

偏心是介于中心和离心之间的布局状态，这种布局方式主要表现在镜框式舞台的观众厅布局中，观众席有扇形、马蹄形等多种布局形式。

镜框式舞台是文艺复兴后期伴随意大利歌剧的兴起而形成的，在之后多年的发展过程中，这种舞台形式由最初的简单概念发展成为复杂完整的体系。镜框式舞台主要适用于人数众多的大型戏剧或歌舞剧。在这样的模式下，与开敞式剧场空间相比，观众与演员之间的互动相对较少，更多的是一种互相"观看"的状态，两者共同烘托出演出效果的丰富性和逼真性。

镜框式舞台的常见形式是品字形舞台，在长方形主舞台除镜框台口以外的三边都附带一个与主舞台大小、形状相似的副舞台，三个副舞台构成一个"品"字。日本新国立剧场歌剧院的舞台就是典型的品字形，主舞台是舞台空间的中心；后舞台设在主舞台后方，可增加表演区、景区纵深，又可兼作排练厅；侧舞台设在主舞台两侧，是存放和迁换布景道具、演员候场的辅助区域（图2-1-8）。近年来我国新建的大型剧场中大部分也使用镜框式舞台，笔者的工作室2012年设计完成的青海艺术中心也是采用镜框式舞台和马蹄形观众席平面相结合的形式。

镜框式舞台虽然有众多限制，但是体现了一种稳定的观演关系，既满足了演员演出的环境需要，又为观众提供了良好的观看体验，依然是当代比较常用的舞台形式。

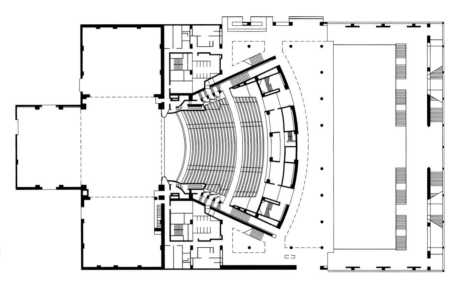

图2-1-8　日本新国立剧场歌剧院平面图

4. 离心式舞台

离心式舞台与观众厅的关系相对自由，有伸出式舞台、半环绕式舞台、多功能剧场等方式。其中伸出式舞台又有伸出式舞台和复式伸出式舞台两种。

（1）伸出式舞台

伸出式舞台大规模兴起于第二次世界大战以后，其舞台形式多样，所形成的气氛、表演区形式、舞台机械，以及灯光配置设施等方面也有比较大的不同。

现代伸出式舞台的源头是20世纪20年代的法国，但直到第二次世界大战以后才大规模地兴起，并开始超出实验剧场的范畴。伸出式舞台创造了一种三维的戏剧体验，演员成为观众围合的焦点，而不是观众观看屏幕的二维布局，因此伸出式舞台比较适合莎士比亚戏剧及英国王政复辟以前的戏剧。

对于现代戏剧，与镜框式舞台相比，伸出式舞台不是为了创造一种幻觉的视觉效果，而是展现一种充满情趣的表演艺术，给观众提供不同于其他现代媒体的现场感受。从技术角度上来说，观众席围绕舞台的布局方式可以在同样的空间中容纳较多的座椅数量，同样也可以增加观众厅座椅排布形式的灵活性。

（2）复式伸出式舞台

复式伸出式舞台实际上是镜框式舞台和简式伸出式舞台在现代戏剧较大舞台需求下折中产生的。这样既可以保留伸出式舞台良好的围合气氛，又能进行较为复杂多变的演出。这种舞台形式一般在舞台背后配有像镜框式舞台那样较为复杂的舞台设施，布景位于较大的内舞台中，以便快速换景。为了使观众都能看到内舞台中的表演，观众席的围合度只能减小，因此像古希腊和伊丽莎白时代那种亲密的观演关系相对被削弱了。

国家大剧院戏剧场就是典型的复式伸出式舞台，观众厅前部的台板升起成为舞台的一部分，形成伸出式台唇，使得观众可以更近距离地观看表演，非常符合中国传统戏剧表演的特点。而当台板不升起时，这部分区域可作为乐池使用（图2-1-9~图2-1-11）。相比于镜框式舞台，伸出式舞台营造了一种

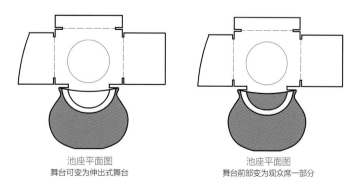

图 2-1-9　国家大剧院戏剧场观众厅和舞台形式

池座平面图
舞台可变为伸出式舞台

池座平面图
舞台前部变为观众席一部分

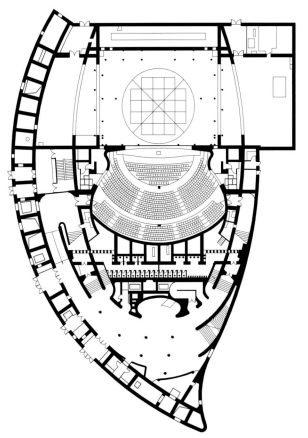

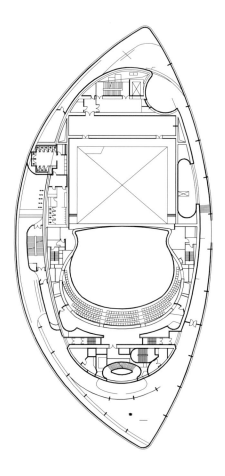

图 2-1-10 国家大剧院戏剧场
平面图

图 2-1-11 国家大剧院戏剧
场内景照片

视美与听悦 剧场观众厅设计的艺术与技术

更为亲密的观演关系，演员与观众有更为近距离的接触。距离的拉近会增强观众的参与感和演员对观众反馈的感知。因此伸出式舞台和复式伸出式舞台在当代舞台设计中所占的比例越来越大，逐渐成为剧场舞台设计的一种主要形式。

5. 半环绕式舞台

半环绕式舞台是对环绕式舞台在大容量观众厅内无法将所有观众厅座席统一联系的一种改良式折中方案，即舞台的两边向观众厅延伸，形成部分环绕状态。与全环绕式舞台相比，半环绕式舞台中观众和演员并没有很强势地处于中心的一方，演员和观众形成的动力场随着演员在内舞台或者外舞台的表演而不停地变化。从观众与演员关系的本质上来看，半环绕式舞台与伸出式舞台对观众厅动力场的影响是一致的。半环绕式舞台的案例不是很多，加拿大莎士比亚剧场是较为典型的半环绕式舞台案例（图2-1-12）。

图 2-1-12　加拿大莎士比亚剧场

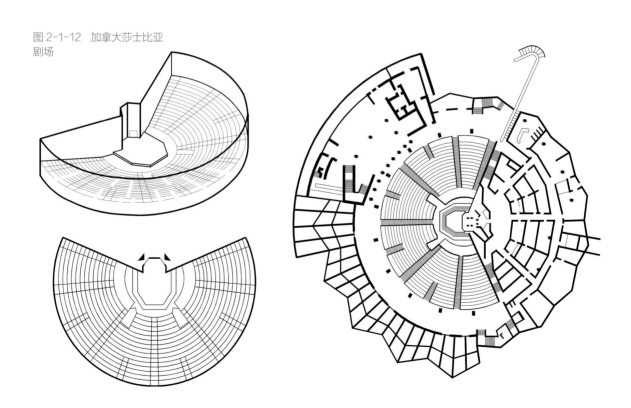

2.1.2 ——— 人数与容积

观众厅的规模对其空间形态具有很重要的影响，其空间中的每座容积对其声场环境也有着极大的影响，因此，除去表演方式及观众厅的使用目的外，剧场观众厅形态亦与观众厅人数及每座容积密切相关。

对于歌剧院来说，以自然声演出才能真切地感受歌剧带来的魅力。为了保证歌剧院内有足够的自然声能，其规模不宜过大。如果每座容积过大，听众被分配到的自然声能就会很小，听众会感到音量不足；歌剧演员在演唱时也会因费力而显得不自然。有时演唱的声音还必须穿透乐队演奏时所构成的声墙才能到达听众席，而歌剧院的舞台不像音乐厅的演奏台那样能给予演员足够的声反射支持。因此，歌剧院应规模适当。如北京保利剧院的规模就恰到好处。观众厅的观众座席数量为 1428 座（其中包括乐池升起时配置的 108 个座席），当用于歌剧演出时为 1320 座。有效容积为 9270m³，用于交响乐演奏时的容积为 10910m³（包括闭合式音乐罩内的容积 1640 m³）；每座容积分别为 7.0m³（用于歌剧）和 7.6 m³（用于音乐）。

剧院的规模，通常按观众厅容纳座位数来划分。18、19 世纪传统歌剧院的每座容积较低，18 个传统歌剧院的平均值为 5.5 m³/ 座；现代歌剧院由于舒适度的提高而使每座容积增加，20 世纪时 28 个歌剧院的平均值为 7.5 m³/ 座。可见，歌剧院的规模逐渐扩大。但随着歌剧院观众厅容座的增多，必须考虑后排听众能够接收到足够强的声音并具有良好的视觉条件（短的视距和良好的视角），以及演员在舞台上演唱更舒展和自然，因此，容座也不宜太大。国内外工程实践的经验证明，1500 座左右应是最佳值，最大不应超过 1800 座。表 2-1-1 为歌剧院观众厅合理容积及容座的建议值。

表 2-1-1 歌剧院观众厅合理容积及容座的建议值

使用目的	每座容积		容座	观众厅容积
歌剧演出	最佳值	6.0m³/座	1500 座	9000m³
	允许值	6.5m³/座	1800 座	11700m³
歌剧演出兼音乐演奏	最佳值	7.0m³/座	1500 座	10500m³
	允许值	7.5m³/座	1800 座	13500m³

2.1.3 ——— 视线与声音

表演艺术是观众和演员之间通过视觉和听觉分享感受。视觉和听觉信号分别通过光波和声波直线传播,经视网膜和耳蜗接收,通过神经将信号传导到大脑。视线和声音是演员外在表演抵达观众内心感受的过程中独有的媒介,它们都有反射、折射、吸收等基本的物理性质,我们研究的重点在于如何在有限的观众厅环境中,通过不同参数的调整,达到最大化刺激感觉兴奋的目的。通过设计,研究如何利用这些物理性质营造观众厅的环境是观众厅设计的根本。

观众厅的视线设计基于人眼观看外界事物的生理规律研究之上,是对观众厅平面形式、座席排列、视线无遮挡、视线清晰等方面的研究。视线设计需满足视角与视距的基本要求。

1. 视角

人眼在不转动时,水平视角为 30°~40°,转动时水平视角可达 60°,人头舒适转动角度为 90°,因此最前排水平视角不宜超过 120°,若超过该范围,座位上的观众如果要保证良好视角,则需要转动更大的角度,会引起不适。由于人眼垂直视角为 15°~30°,超过最大角度范围时辨认物体形状的能力迅速减弱,因此最大俯角不宜超过 30°,楼座接近台口处的边座或者包厢最大俯角不宜超过 35°。

因此按照上述数据的研究,在观众厅座席设计时,水平视角为

30°~60°的座席是视觉效果比较好的座位，观众不需要转动头部就可以观看表演；小于30°时，舞台的台口会进入观众的视线，降低了舞台表演的场景感和真实感；而大于120°时，无法将舞台整体收入眼中，需要转头才能看到全部场景。因此在观众席设计的过程中，要充分考虑视角的影响因素，保证合理的视角范围，为观众提供最良好的观看体验。

2. 视距

视距是指观众眼睛到设计视点的水平距离，一般是观众厅最后一排至大幕中心线的直线距离。在演出过程中，观众不仅要看到舞台上演员的动作，同样需要看清演员的表情变化，因此限定了良好视距的范围。在古代的露天剧场，最远视距曾经达到70m，观众无法看清台上演员的表情，只能靠动作和声音来揣摩演员的感情。随着各种剧场设计规范的完善，人们在设计中规定了最远视距，在尽量保证观众厅容量的同时，提高人们的观看品质。但是，即便在满足视距的观众厅内，与舞台距离不同位置处的观众观看到的舞台效果也是完全不同的（表2-1-2）。

表2-1-2 不同视点处舞台的视觉形象（北京大学百周年纪念讲堂室内模拟）

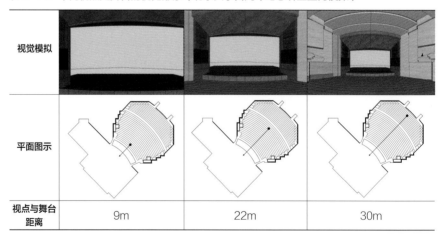

视觉模拟			
平面图示			
视点与舞台距离	9m	22m	30m

视距的确定是以对人眼睛视觉系统的研究为基础的。对人眼的研究表明，在正常情况下，一个人正常视力能看到的最小尺寸或间距等于视弧上1′，

称为最小明视角，换算成空间度量，即在 33m 处可看清 10mm 的物体。因此，不同功能要求的观众厅对最远视距也有不同的要求。在歌舞剧场观众席设计中，不宜超过 33m；一旦超过，将导致最后一排观众看不清演员的表演。不同的表演形式，对最远视距有不同的要求。在话剧和戏曲剧场对演员表情有较高的要求，最远视距要求不宜大于 28m。不同类型的观演建筑对最远视距的要求如表 2-1-3 所示。

表 2-1-3　不同剧场类型的最远视距限定

图示	剧场类别	最远视距
	歌舞剧场	≤ 33m
	话剧和戏曲	≤ 28m
	大型多功能剧场	≤ 40m
	影剧院	≤ 36m

在《隐匿的尺度》一书中，美国人类学家爱德华·T. 霍尔（Edward T. Hall）详细列举了不同距离尺度下人的视觉感受及空间感知效果。在一定的距离范围内，空间感知的效果与距离呈负相关的关系，视觉和听觉彼此正相关。因此，视距对于观众和演员感知观众厅空间非常重要。当视距过大，观众和演员的联系被削弱，不利于演员和观众的情感交流及良好观演关系的形成（表 2-1-4）。

表 2-1-4　视觉感知效果与视距关系

视距（m）	观演空间视觉感知效果
30~70	只能辨别演员面部特征、发型等，传统露天大型观演空间的视距会达到上限值 70m，现代剧院视距不会超过 40m
20~25	能辨别表演者的面部表情，解读对方心绪，是观演空间常用视距
20	接收到的来自于表演者的信息量和强度大大增强，听觉等知觉开始补充视觉，是话剧等剧场常限定的视距
1~3	能进行交谈和深入交往，适用于观众席内部或开敞式舞台

观众厅的空间形态与声音密切相关。剧场演出时使用的人声和乐器等自

然声源的声功率有限，因此，使用自然声演出时，为保证观众厅有足够的响度，其容积不能过大。观众厅容积越大，声能密度和声压级越低，无法满足响度要求。话剧演出时的空间最大容许容积约为 6000m³，大型交响乐队演出时的空间最大容许容积可达到 25000m³。此外，对于体积一定的大厅，其形体直接决定反射声的时空分布，并影响直达声的传播。因此，观众厅空间形态设计需要考虑人的听觉体验。

同样应该看到，技术与安全亦是剧场设计的重要因素之一。技术上的问题会导致观众厅存在缺陷。例如我国早期建设的真光戏院，虽然平面形态和立面经过改良，采用了西方形式，但是由于结构技术能力不足，在池座处设置了柱子以支撑楼座，池座视线受到了影响。现代剧院作为历史发展的一部分，也会在挑战技术极限的同时，因在结构问题上的妥协而造成缺陷。因此，需要我们在设计前期就对结构技术加以考量。

2.2 —— 观众厅平面形态的多样性

平面形态是观众厅空间形态的一个重要表现，不同的平面形态可以反映出不同时代戏剧形式对演出空间的影响。古希腊扇形或半圆形的露天观众席围绕表演场地，出于人们对祭祀表演活动的崇敬；从中世纪开始的封闭式观演空间，产生了舞台和观众席、演员和观众相互隔离的表演形式，这与当时的社会现实有很大关系。

观众厅平面形式有很多种，在设计中并无定式。观众厅最终的平面形态应根据使用性质及观众厅容量、音质设计要求、视线设计要求、结构体系、建筑环境等，进行综合考量而确定。由于演出的特定技术要求，观众厅基本形态多以几种基本的几何形态为主，常见的平面有矩形、钟形、扇形、多边形（多为六边形）、马蹄形、圆形等。随着建造技术的发展和音质设计水平的提高，在观众厅形式变幻多端的今天，复合形也成为常见形态之一。

观众厅不同的平面形态代表着不同的视线和声音特性。设计师应根据观众厅的具体规模、演出性质，选择恰当的平面形态加以深化，或者根据声音和视线的特性，设计出符合视听要求的平面形态。

2.2.1 —————— 矩形平面

矩形平面具有平面规整、结构简单、声能分布均匀等优点，对简化整个剧场的建筑组合、结构选型、施工等方面都比较有利。在跨度不大的情况下，座区前部反射声空白区小，能有效利用侧墙的一次反射声，有利于加强观众厅前区的声能；侧墙早期反射声声场均匀，从而提高了声音的亲切感和清晰度。但随着跨度增大，池座中前区一些较好的座位区接收不到侧墙一次反射声的空白区也随之增大；在一定水平控制角下，池座前部两侧越出控制线的范围较大，为保持容量就得加长观众厅，使视距也随之增大。因此，纯矩形平面一般较适合中小型剧场。

美国波士顿音乐厅（Boston Symphony Hall，1900 年建成，美国马萨诸塞州波士顿市）是一个标准的矩形观众厅，纵深长度 39.5 m、跨度 22.9 m，能有效利用侧墙的一次反射声。观众厅两侧的挑台既减小了观众厅的宽度，也保证了池座中前区的早期反射声，音质效果极佳，被誉为世界顶级观众厅之一（图 2-2-1、图 2-2-2）。

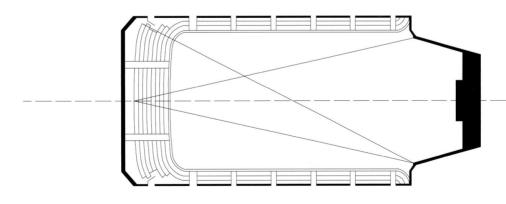

图 2-2-1 美国波士顿音乐厅楼座平面图

图 2-2-2　美国波士顿音乐厅观众厅内景照片

2.2.2 ——— 钟形平面

钟形平面的特点与矩形基本相似，可以看作矩形平面的一种改进。相比矩形平面，钟形平面把前段侧墙及后墙做成内凹弧形，保留了矩形平面简单和侧向早期反射声均匀的特点，对减小反射距离非常有效。钟形平面利用台口两侧逐渐收拢的非承重墙形成的死角区作为耳光室、乐池和主舞台上部的垂直交通等辅助空间；同时，外形轮廓可根据声线的反射要求进行设计，增加中前区观众席的前次反射声，有助于调整声场分布，削弱台口的镜框感。在相同容量下，其偏座区比扇形平面少，而结构布置仍可按矩形平面比较规则地来设计，它适用于大中型剧场建筑。

钟形平面观众厅后墙呈弧形，为避免产生回声和声聚焦，其平面的曲率半径要大，通常与弧形排列的席位曲率半径相同，曲率中心一般落在舞台后，否则需做吸声或扩散处理。矩形或钟形平面的池座或观众厅中，通常厅高约为 1/4 厅长，且不宜超过 9m。

肯尼迪演艺中心歌剧院（J. F. K Centre for the Performing Arts, Opera House，1971 年建成，美国华盛顿特区）采用了钟形平面观众厅，

该厅通过在顶棚和侧墙悬吊大量反声板，解决超长的弧形后墙带来的声学问题，大大改善了音质；同时，艺术化的反声板为观众厅室内提供了很好的点缀（图2-2-3、图2-2-4）。

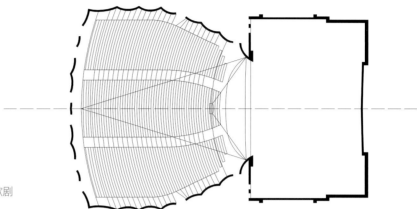

图 2-2-3　肯尼迪演艺中心歌剧院池座平面图

图 2-2-4　肯尼迪演艺中心歌剧院内景照片

2.2.3 ─────── 扇形平面

在水平控制角与视距相同，最远视距控制在合理范围内的前提下，扇形平面比矩形平面等容纳的观众多，适合于大容量的观众厅。但是它的后区较大，偏远座相对来说较多。此外，由于前后跨度变化大，结构布置和施工相对较为复杂。

侧墙与中轴线的夹角越小，观众厅中前区越能获得较多的早期反射声。所以，为了保证扇形平面的视线和声场效果良好，观众厅侧墙的反声效果将随两侧墙面与中轴水平夹角的增大而减弱。因此，一般要求小于 10°，5°～8°为最佳。同时，根据声学设计的要求，侧墙表面装修处理经常设计成凹凸状，以加强中前区观众席的前次反射声，有利于前次反射声声场的均匀分布。在观众厅高度较小时，可以采用大于 15° 的夹角，因为低顶棚有利于前次反射声。当此夹角大于 22.5° 时，不宜采用这类平面（除非观众厅以采用电声为主），因为夹角越大，反射区越小，席位质量越差。在主要演出曲艺杂技或作伸出式表演的剧场可以适当采用。

　　由于扇形的弧形后墙面积较大，为避免回声，宜把后墙向前倾斜一定角度，否则要使用大量的吸声材料，可能使造价增加，并容易使混响时间缩短。

　　哥本哈根蒂沃利音乐厅（Copenhagen，Tivoli Koncertsal，1956 年建成，丹麦）采用了扇形平面观众厅，两侧有向下延伸的挑台。在控制最远视距的前提下，扇形平面的布局与矩形平面相比能够容纳更多的观众。为保证池座前区获得较多早期反射声，侧墙与中轴线的夹角较小。音乐厅的满场混响时间为 1.3 秒，在此厅中演奏的音乐是亲切而温暖的（图 2-2-5、图 2-2-6）。

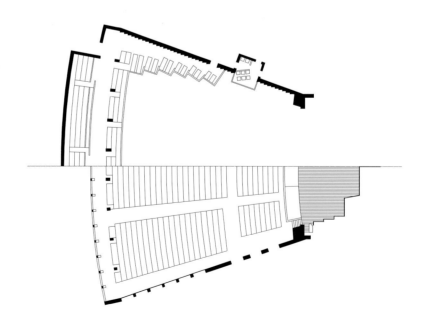

图 2-2-5　哥本哈根蒂沃利
音乐厅平面图

图 2-2-6　哥本哈根蒂沃利音乐厅内景照片

2.2.4 ——————— 多边形平面

　　从观众厅视线和声学角度看，多边形平面较其他平面有较多的优点。它的前部类似钟形平面，台口两边的侧墙有利于中前区观众厅的反射声；它的后部等于切去了矩形或扇形平面后部的两个角，减少了许多偏远座，当然容量也相应减少了。由于侧后斜墙能作为一次反声面，可以增加池座中前区的反射声，使声场分布较均匀，后斜面一般越长越有利。为使池座中前区得到短延时反射声，应控制观众厅宽度和前侧墙张角，否则，中前区会出现回声。这种平面的建筑体型较复杂，辅助面积相应增多。若沿用一般结构设计方案，结构类型很难统一，施工比较麻烦，因此适合采用网架等新型结构。这类平面适用于对视听质量要求较高的中小型剧场。

　　英国伦敦巴比肯音乐厅（Barbican Concert Hall，1982 年建成，英国伦敦）采用多边形观众厅，由于容量较大，使得台口两侧墙角度、厅的宽度均过大，致使最终音质效果不佳（图2-2-7、图2-2-8）。

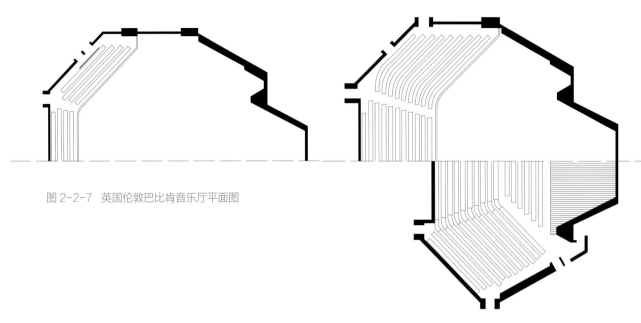

图 2-2-7　英国伦敦巴比肯音乐厅平面图

图 2-2-8　英国伦敦巴比肯音乐厅内景照片

2.2.5 —————— 马蹄形和圆形平面

这类平面最大的优点在于视线比较好，偏远座最少。但其声学处理比较麻烦，容易造成沿边反射，甚至出现声聚焦，使声场不均匀，需要与声学专业紧密配合。国外大型古典剧场采用这种形式的较多，斯卡拉歌剧院周边设层层包厢，气势宏伟，室内充满繁琐的浮雕装饰，对声扩散起着良好作用。圆形平面较适合表演区设在观众厅中间的岛式舞台，杂技场、体育馆等常用。

我国国家大剧院歌剧院采用椭圆形平面，与建筑的总体造型相呼应。由于椭圆形的长轴为观众厅的宽度方向，所以，平面效果有点类似扇形平面，只是将两个远角切成弧形。歌剧场上层楼座更是将扇形平面镶嵌在椭圆形平面上，在一定程度上控制了2400多人超大容量观众厅的视距。但是过宽的观众厅会使中部的观众区缺少侧向反射声，两侧观众的视线也较偏（图2-2-9、图2-2-10）。

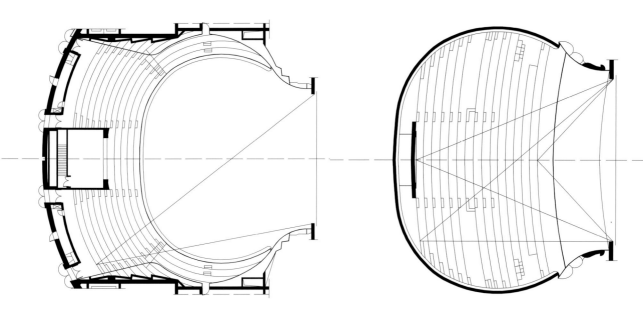

图2-2-9　国家大剧院歌剧院平面图

图2-2-10　国家大剧院歌剧院内景照片

2.2.6 ——————— 复合形平面

　　出于观众厅容量、空间灵活变化及改善声学效果等的需要，多功能剧场通常采用灵活多变的平面形式，实行大小厅结合或多厅组合，形成复合式平面。有些甚至利用高科技手段，使观众厅可分可合，使得规模和容积多变，做到一厅多用，以适应不同剧种和容量的使用要求。这类平面和空间有很大的灵活性，但对设备和结构等的要求高，需要复杂的机械设备及智能化条件，同时工程造价昂贵。

　　美国加州的橙县演艺中心剧场（Orange County Performing Arts Centre，1986年建成，美国橙县）有效容积为27800m^3，可容纳2903名观众。剧场观众厅的平面和空间处理别出心裁。观众厅分设在不同标高的四层平面内。后座最宽处插入一个船头形分隔墙，使大厅局部宽度变为20~25m，目的是要在大容量观众厅内使听众都获得足够强的早期反射声。将扇形平面最后两角切去，减少该部分视听不佳的座位。这座厅堂的音质很好，被誉为"打破传统之佳作"（图2-2-11、图2-2-12）。

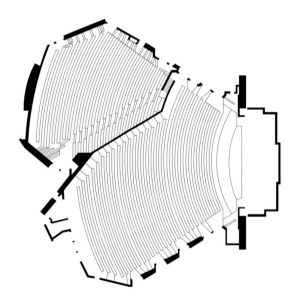

图2-2-11　美国橙县演艺中心一、二层平面图

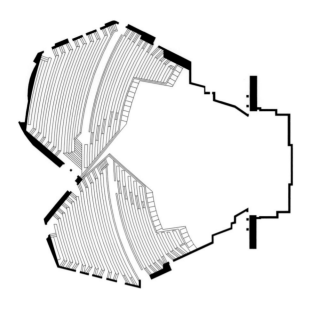

图 2-2-12　美国橙县演艺中心三、四层平面图

现代技术的快速发展，为近代以后观众厅平面形式的创新提供了强有力的基础。现代敞开式舞台虽然与古希腊的露天剧场形式上相近，但却是对演出形式和互动的观演关系考量后的设计结果。升降技术的广泛应用、可将部分观众席沉降或者升起的起吊设备、可以自由移动的侧墙布局、可以调节角度形状的天棚吊顶，均丰富了平面形式，让观众厅形式不再一成不变（表 2-2-1）。

表 2-2-1　观众厅平面形式示意

名称	示意图	特点	视觉	声场
矩形平面	葡萄牙波尔图音乐厅	矩形平面体形简洁，结构简单，观众厅空间规整；一般被中小剧场和音乐厅所采用；但不易设置楼座	—	侧墙早期反射声声场分布均匀，座区前部反射声空白区小，提高了声音的亲切感和清晰度

名称	示意图	特点	视觉	声场
钟形平面	 美国纽约州伊士曼剧院	在矩形平面的基础上，把前段侧墙及后墙做成内凹弧形，保留了矩形平面结构简单的特点；弧形墙通常采取衬墙，即结构体系仍为矩形；适用于大中型剧场建筑	减少了舞台两侧的偏座，并可适当增加视距较远的正座	侧向早期反射声均匀；观众厅后墙为弧形，容易产生回声和声聚焦
扇形平面	 德国拜罗伊特节日剧院	有着较大的观众容量，比较适合大中型剧场采用	有着较好的水平视角和视距条件	扇形平面两侧墙与中轴线的夹角变大时，后部比较偏远区域的座位视听条件比较差；当侧墙设计为锯齿形时，有利于侧墙早期反射声声场的均匀分布

名称	示意图	特点	视觉	声场
多边形平面	 日本东京文化会馆	在扇形平面的基础上，去掉后部的偏座席，增设正后座席，以提高视觉质量	—	早期反射声分布均匀，声场扩散条件比较好；为使池座中前区得到短延时反射声，应该控制观众厅宽度和前侧墙张角
马蹄形和圆形平面	 江西艺术中心	此类平面为对称曲线形，有马蹄形、卵形、椭圆形、圆形及各种变形	相对于其他平面形式，偏远座位相对较少，观众席位质量指标高，具有较好的视角和视距	需通过良好的音质设计避免若干声学缺陷的出现，促使声场扩散

2.3 ——— 观众厅剖面形态的关联性

观众厅的剖面形式，一般是指观众厅的纵剖面轮廓线范围内的空间形式。其选型涉及的因素也很多，主要有：楼座设置与否及其形式；剖面形式与音质的关系；地面升起坡度和俯视角度；合理的空间容积和空间利用；灯光投射角度和距离；顶棚造型等。

不同楼座空间之间存在着一种潜在关系，从而保证在各自视线、音质良好的前提下营造出共同观看的临场氛围。观众厅剖面设计具有比较大的灵活性，可以从常见形式中进行混合和衍生。观众厅的剖面形式除了与平面形式相对应，与剧场使用要求相适应外，还应该满足声学的基本要求。剖面设计可以弥补平面形式所带来的明显的声学缺陷，因此平面与剖面是观众厅空间形态构成的两个必备要素，其设计应同步进行。

剖面形态对满足视线要求有着重要意义。当用地条件有限又希望容纳更多观众时，采用多层楼座的剖面设计成为必然选择。平面形态导致的声音缺陷可以通过剖面设计来弥补，同时也应避免剖面形态设计对声音产生不良的影响。观众厅的视线设计、声学设计等设计要素都是在剖面上进行的。视线的设计、视距的确定及地面坡度的升起都与剖面形态有直接关系。观众厅的天棚一般根据自然声声源早期反射声要求与建筑艺术要求进行设计。大中型剧场以电声为主时，仍须对电声设计易出现声学缺陷的地方进行调整。

根据观众厅容量和对视听条件的不同要求，观众厅的剖面形式分为无楼座和设楼座两大类。设楼座观众厅分为出挑式、沿边挑台式、跌落式及包厢式等。

2.3.1 ——— 无楼座的观众厅

这种观众厅往往适用于规模不大、1000 座以下的中小型剧场。在正常情况下，无楼座观众厅的视听条件能得到很好的保证。无楼座观众厅一般可分为贯通式池座和跌落式池座。

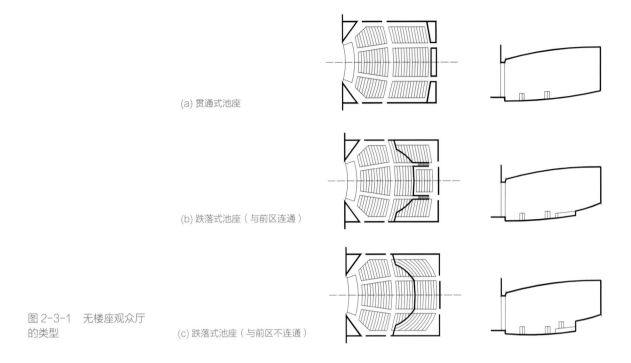

(a) 贯通式池座

(b) 跌落式池座（与前区连通）

图 2-3-1　无楼座观众厅
的类型

(c) 跌落式池座（与前区不连通）

　　贯通式池座一般用于地面坡度平缓时，将观众厅地面设置成平坡的形式，即池座区域仅有一个层次的坡度，方便观众的行走且设计相对简单。当坡度超过 1：6 时，观众厅可采用跌落式池座。池座区域有两个层次的坡度，即前池座区和后池座区，前后区可连通也可不连通（图2-3-1）。当起坡较大时，有利于改善观众厅后区的视听条件，跌落的栏板可提升前区的音质效果，并提升观众厅室内空间效果，还有可能利用后区下部空间作为门厅或辅助房间使用。近年来，出于改善视听条件、提升观众厅室内空间效果的需要，采用跌落式池座的逐渐增多。

2.3.2 ——— 设楼座的观众厅

　　楼座是观众厅空间形态的重要组成内容。除了综合考虑平面空间组合中的各项参数外，还需要根据楼座的不同形式和特点，解决好视听质量，合理布置进出口，保证优良席位的质量及良好的空间利用，选择经济合理的结构方案。观众厅设计楼座，既能增加观众容量，也是缩短视距、提高视听质量的重要处理手段。

观众厅内设置楼座可以满足扩大容量又不增大视距的要求。其单位容积紧凑，优良座位的比例高，厅内变化丰富，而且楼座区的听觉条件一般都比较好。当剧场容量达到 1000 座以上时，观众厅一般都设有楼座。国外一些近代剧场为密切观演关系，缩短视距，尽管只有 600 ~ 800 座，通常也设有楼座，把视距缩短至 15 ~ 20 m。

楼座根据出挑情况，有单层出挑和多层出挑两类，多用于容座较多的剧场。出挑的楼座有全出挑和部分出挑两种基本形式。除此之外，结合观众厅的横剖面，还有沿边挑台式楼座和跌落式楼座等形式。设计时应对楼座下部池座后区的声学条件和空间比例妥善处理，楼座上下两空间的高深比不宜过小。楼座下部空间的高深比为 1:1.2 ~ 1:1.5，楼座上部空间高深比不宜小于 1:2.5。

楼座主要类型如下（表 2-3-1）。

（1）出挑式楼座：可分为全部出挑和部分出挑两种形式。全部出挑楼座后墙与池座的后墙在同一垂直面。由于结构上的限制，一般出挑不大，容量增加有限，因此，适用于容量小、跨度不大的观众厅。一些改建的观众厅也经常增设此类楼座。部分出挑式楼座其后墙在池座或下层楼座后墙之后，池座或下层楼座后墙作为挑台的支撑，结构受力合理，出挑少而容量大，池座后部观众的视听条件受挑台影响也少，应用比较广泛。

（2）沿边挑台式楼座：这种楼座可以说是沿边柱廊式楼座的发展，沿边柱廊式楼座多见于欧洲古典的马蹄形平面观众厅中。这类边座的视线质量较差，而且栏板结构对视线常有遮挡。沿边挑台式楼座在其基础上，要避免对下部观众的视线遮挡；既可丰富观众厅的空间造型，又对声音的反射起着一定的作用；良好的设计可调节声场的均匀分布。但当两侧挑台地面做起坡处理时，会使结构处理复杂化。

（3）跌落式楼座：此类楼座是把楼座两侧端部向下延伸。有的则向下

表 2-3-1　楼座类型

类型	示意图	特点	视觉	听觉
出挑式楼座	 绍兴大剧院	出挑式楼座被大多数剧场采用，此类剖面大部分为单层池座，楼座可以有一层、两层或者多层；但是这种剖面设计易将观众区分成几个空间，不利于观众和演员的交流	有较多正视观众席，可以增加观众容量和缩小视距	应该控制楼座上、下空间的高深比，以改善视听质量
沿边挑台式楼座	 黄河口大剧院	在出挑式楼座的基础上，增加侧墙上的挑台楼座，此种剖面类型适用于大中型剧场或歌舞剧场，如国家大剧院的歌剧院、东方艺术中心歌剧院等	偏座或者俯角较大的座席比较多	这类剖面形式挑台较浅，挑台下部的观众席有较多的直达声和早期反射声，可以改善音质

类型	示意图	特点	视觉	听觉
跌落式楼座	 北京大学百周年纪念讲堂	在观众席坡度较大的观众厅剖面中，前部或前中部观众席处于栏板围护之中，丰富了观众席的组织形式；这种剖面形式一般适用于中小型剧场或多用途剧场	需解决好结构设计及下部空间合理利用的问题	改善了前中区观众席早期声反射条件；为了提高视听质量，观众席的视高差值一般定得较大，栏板也有较大的高度
包厢式楼座	 柏林德国歌剧院	包厢可有跌落式、蜂窝式、环绕式、挑出式、半挑式等多种形式，应与平面共同设计	偏座或俯角较大的座席比较多	楼座带有包厢或者包厢式楼座，可增进观众厅声扩散，对改善观众厅内部的音质起到较好的作用

延伸至池座，形成一侧或双侧的跌落式布置。延伸部分既可以布置座位，又起到疏散的作用；有的处理成层层下落的挑台。这些处理尽管对观众厅的容量影响不大，但丰富了观众厅的空间效果，对声的反射、扩散也起到一定的作用。但要注意，跌落的挑台对下部池座边区视线遮挡的影响；同时，需解决好结构设计及下部空间的合理利用。

（4）包厢式楼座：这类观众厅形式常和包厢结合，能够丰富内部的空间形式。包厢内的观众能获得不错的视线，同时能够增强观众厅的声扩散，改善观众厅音质。

2.3.3 ——— 错落区块布置的观众厅

错落区块布置的观众厅模糊了楼座和池座的界限，观众厅划分为若干块不同标高交错布置的多边形台阶状座席区，各区之间由局部矮墙分隔，在后区有选择地插入船头形分隔墙或布置人字形分隔墙，降低观众厅局部宽度，形成不规则配置的错落观众厅。

通过插入船头形分隔墙或布置人字形分隔墙，将高标高区块观众席远离舞台的两角切去，减少的正是视听不佳的座位。大厅被分割成不同标高的"梯田"，不规则配置的错落包厢代替了楼座挑台，使距离舞台最远的一排座席（离舞台面计算）标高比普通出挑式楼座压低不少，观众席的俯角能控制在较小范围内。观众席被划分为不同区块，每一块的第一排能接收到毫无阻碍的直达声，中间座席接收到由周围侧墙包括后墙传来的早期侧向反射声，各区之间的局部分隔矮墙也可作早期侧向反射之用。在高标高区块观众席末排的座位上仍能有足够响度的声音到达，即使视距最远但由于听音环境良好而产生了出乎意料的亲切感。在设计时，由于形状不规则，各标高区块需要多方向、多位置进行平面、剖面设计，以达到良好的视听效果。

橙县演艺中心大厅被划分为四个上下左右交错布置的大台阶，各区之间的局部矮墙可作为早期侧向反射声之用，最后一排座席（离舞台面计算）标高不超过 20m，比通常挑台式布置要低，使第四层楼上观众席的俯角控制

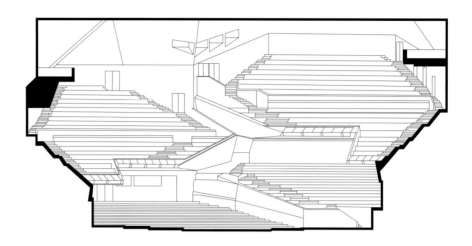

图 2-3-2 美国橙县演艺中心中部横剖面图

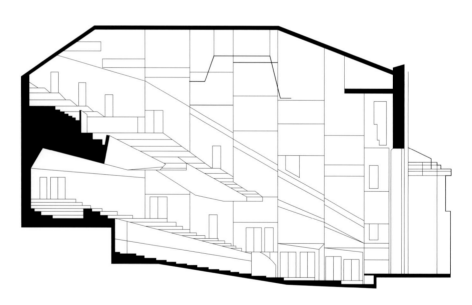

图 2-3-3 美国橙县演艺中心中部纵剖面图

图 2-3-4 美国橙县演艺中
心内景照片

在 29°以内。三层末排距舞台 45m，四层达 49m。由于该剖面形态的视
听特点，即使视距较远的座位仍能获得足够的响度，为听众提供了亲切感
（图 2-3-2～图 2-3-4）。

在当代剧场设计中，随着建声、光学机械设备的发展及戏剧形式的多样
化呈现，剖面形式也逐渐产生多种变化，具有更多的灵活性。最近建成的
温州大剧院，其池座采用了全台阶形式，共 28 排，从 5m 标高上升至 11m，
平均起坡为 0.22m，后部设有两层挑台，两侧墙各设三层内包厢，形成独特
的观众厅空间视觉环境。

对于观众和演员来说，剖面形式对于空间的感知比平面更为直观。池楼
座的关系及楼座的形态是当代观众厅形态设计的重点。从莎士比亚时期出现
围合的二层包厢开始，观众厅的设计由二维层面上升到三维层面，剖面设计
除了满足各种技术要求之外，还成为具有视觉动力场的观众厅空间形态形成
的重要条件。

第 3 章 ——— 视美的呈现

视觉应当被看作人类最伟大的天赋。

——柏拉图

  剧场的观演关系以及观众厅空间之下的观演感受，使观众观演戏剧的行为本身呈现出一种视觉美的享受。中国历来讲求表演空间中人"看"与"被看"的相互关系，从古至今有许多的建筑类型呈现着这种表演与观看的日常行为。

  早期东方剧场基于小型群体形成的小规模戏剧表演，形成了以"台""座"为主的观演空间。形成期的中国剧院建筑技术的发展使得剧场设计更加注重宏大的视觉场景和声音效果，从观众座席、舞台布局到剖面设计都讲求表演过程中视觉与声音的传递。早期的西方剧场则是基于集体的公共生活需求形成公共露天剧场，最早的狄俄尼索斯剧场（酒神剧场），利用山坡地势建立逐渐升高的观众席，整体呈半圆形态，中间有放射形的公共走道，能够容纳17000人。其卓越的声学效果使它成为当时古雅典最大的戏剧庆祝地点，同时也奠定了西方讲求与人的身体相关的审美习性和视听体验。形成期的西方剧院在材料性能和建造技术上有了极大的提高，空间的放大使得舞台场景更加多样化，同时也使剧院建筑更好地融入城市，更加贴近大众的现实生活。

  建筑空间所传达的感染力是与人对空间的知觉体验需求相一致的，是空间所呈现的精神上的汇聚。剧院设计中观众从休息厅到观众厅的情绪变化，观众厅与舞台相互交流、渗透的情景转换，无不体现着人的视觉、听觉、心理、行为等各个方面的关系。良好的视听环境连通着观众的心理感受，伴随着建筑空间的组织而显现出不同的魅力。剧院"空"的部分恰似音乐中的音符寻找着想要的和弦一样，寻找完美的空间，是建筑中真正的主角。它的设计师亦如一位才华横溢、技巧出众的音乐家，将观众载向天空，一起飞向最后的和弦。因此，"汇聚"使空间具有了与科技成就相吻合的技术特性，同样也赋予了空间精神属性。

3.1 ———— 观感与审美

1 E.H.贡布里希（Sir E.H. Gombrich，1909-2001）英国著名美学家和艺术史家，是艺术史、艺术心理学和艺术哲学领域的大师级人物，代表作有《艺术的故事》《理想与偶像》《图像与眼睛》等。

自古以来，观看就被视为个体认识世界中最重要的方式，在西方文化中，这一观点尤为突出。英国美学家贡布里希（Sir E. H. Gombrich）[1]说："观看从来不是被动的，它不是对面而来的事物简单的记录，它像照明灯一样在搜索、选择。"亚里士多德同样认为视觉是"人类最高贵的感觉"，因为视觉的非物质性使得它更理性、更直接地为认识服务。

3.1.1 ———— 座与台——中国剧场的审美特性

中国剧场源于"戏"文化。东方的戏剧是一种写意的艺术形式，讲究的是时间和空间的瞬间转换，注重的是戏剧所表达的意境。演员的表演不只是向观众展现一种现实主义的画面，同时可以激发观众的想象力，使其脑海中浮现戏剧所表达的新的景象。我国的地方戏曲丰富多彩，地域分布广泛。京剧、越剧、吕剧、黄梅戏、梆子、豫剧、粤剧、秦腔等都是珍贵的地方戏剧文化。同样，在不同地域本身的文化影响下，我国也形成了庙宇剧场、祠堂剧场、私宅剧场、会馆剧场、皇家剧场、清代戏园等多样的剧场类型。专业的东方戏剧现代演出场所，其舞台形式实际上不能完全照搬西方的舞台形式，无论是镜框式还是伸出式，都难以很好地表现东方戏剧的艺术特点。

在漫长的剧场发展过程中，东方舞台形式继承了中国传统戏场三面观看的伸出式舞台，又根据现代的声学技术加以优化，产生出新的观众厅形态，观演关系的逐渐发展形成了不同于西方剧场建筑的审美习性——座与台。

例如在中国传统京剧表演建筑中，无论是庭院式，还是厅堂式，都是伸出式舞台，观众围绕舞台三面观看。而西方伸出式舞台和观众厅往往同属一个空间，舞台上方空间过大，不利于声音的扩散，因此并不适合中国京剧演出。同样西方的镜框式舞台也不利于京剧艺术特点的发挥，反而将京剧艺术的立体感转变成一种很平面的表演。因此，东方的戏剧在镜框式观众厅的限制下，为了适应演出的需要，满足传统京剧的表演艺术特性，对镜框式舞台的观众厅有所优化。相比西方戏剧的观众厅，东方戏剧的观众厅通常会尽可能地缩小视距，尽可能地凸出台唇，希望能够在一定程度上兼顾东方戏剧舞台以立体形象为主的表现手法。观众三面或四面观看，无论是戏剧的构图和层次，还是演员的表演，都强调了横向和纵向的立体感。在这种三面围观的情况下，没有固定的横向和纵深的概念，因为观众是从不同的角度观看演出，得到的画面和感受也是不同的。

"台"的概念早在隋唐五代时期就出现了，逐渐形成的"台"和"砌台"就是指比较固定的用于演员演出的表演空间。到宋金时期，寺庙中出现"亭榭式"戏台，标志着中国戏台空间的真正形成。中国现存最早的戏台形象实物可以从河南安阳蒋村金墓戏台模型中可见一斑（图3-1-1）。随后，随着传统剧场建筑形式多样化的发展，逐渐形成几座戏台组合的剧场、一台多用的剧场、戏台兼为通道的剧场和其他剧场几种同源而又变化的空间形制。至此，

图 3-1-1　河南安阳蒋村
金墓戏台模型

我们从中国式剧场中观众与演员看与被看的关系中，可以看出一种延续至今的剧场观众厅中"座"与"台"的空间审美习性。

3.1.2 ——— 听与看——西方戏剧的审美特性

古希腊人认为：好的声音能激发人的"热量"。来自古老雅典的声音与明暗的神秘力量，使希腊人更加注意自我身体的表达和彼此之间的视觉心胸。运动场、公共集市等公共场所都是希腊人聆听声音与发出声音的地方，与声音有关的场所引导人们更加关注身体。

古希腊罗马时期的露天剧场可以说是最初的剧场形式，起初为自然形成，后人依靠山势建起层层起高的扇形观众看台，扇形的中心便是演员们的表演场地。此后，表演场地后面加上了景屋，景屋两翼又伸出廊亭，它们所形成的空间后来发展成为舞台空间。到了罗马帝国时期，由于拱形顶棚技术及混凝土材料的应用，观众席不再仅仅依托山势起坡，中心圆形剧场演变为半圆形池座，舞台后台与池座、观众席形成整体，剧场成为城市中独立的建筑。

古希腊哲人认为清晰的视野与知识彼此联系，将真理比作光明。罗马人则更注重眼睛，认为强调秩序与中心化的帝王建筑会引导人们更加集中于视觉上的享受。斗兽场、罗马剧场、集会广场与帝王浴场，这些建筑无不在视觉重心的引导下强调着来自罗马自上而下的等级与秩序。较希腊时期而言，舞台建筑在罗马时期给人们带来了更加享受而刺激的视觉盛宴。

阿迪库斯音乐厅（ Odeon of Herodes Atticus，1950 年翻新，希腊雅典），又名赫罗底斯音乐厅，位于雅典卫城的西南斜坡，是相对较小、保存较为完好的石结构剧场。它建于罗马时代，于公元 161 年竣工，后于 1950 年翻新。该音乐厅有三层式的看台设计，半圆形的剧场直径 38m，容量 5000 人。该剧场的设计巧妙地解决了音响效果问题，使各个位置的观众都能清楚地听到舞台上演员的台词及音乐。直至今日，这个古老的音乐厅仍然可以使用（图 3-1-2）。

安曼露天圆形大剧场（Amman amphitheater，建于公元 2 世纪，以色列约旦）是约旦安曼最引人注目的历史遗迹，这一令人惊叹的建筑可容纳6000名观众，音响效果绝佳。该剧场由希腊人开始建造，此后罗马人进行了扩建并最终完成其施工。该剧场的现状仍然保存完好，并偶尔举行各种体育和文化活动（图3-1-3）。

图 3-1-2 阿迪库斯音乐厅

图 3-1-3 安曼露天圆形大剧场

3.1.3 ——————— 视与美

一直以来，"看"在西方人的身体认知器官中具有显赫地位，在西方文化历史上被当作所有感觉的最高者，他们认为思考这件事更是由看而生。在古希腊的思想中，一切确认均建立在视觉和可视性的基础上。在文艺复兴时期，视觉、听觉、嗅觉、味觉、触觉五种感官被理解为一个等级系统，从最高级的视觉到最低级的触觉。感觉系统和宇宙的图像息息相关，视觉关联着火与光，听觉关联空气，嗅觉关联蒸汽，味觉关联水，而触觉关联大地。随着西方透视表现法的发明，眼睛逐渐成为感知世界的中心，也成为人自我认知的原点。

视觉所带来的美感的呈现往往是第一位的，它在第一时间抓住人的眼球，进而与其心灵产生关联、纠缠和共鸣，让视知觉成为艺术美学的驱动。视觉区别于嗅觉、味觉等其他感官的优势在于它是一种高度清晰的媒介，而且这一媒介会提供出关于外部世界中的各种物体和事物的丰富信息，由此看来，视觉是人脑思维中最基本的一个工具。

对于"美"的渴望来自不断增长的审美需求，由此也导致了对艺术和艺术形式的创造。审美知觉，比如音乐审美、造型艺术审美、文学审美等，都对应了一个器官，就像有了眼睛才有了视觉，有了耳朵才听觉一样。与中国哲学思想相一致，中国美学的着眼点更多的不是对象、实体，而是功能、关系、韵律。从"阴阳""和同"到气势、韵味，中国古典美学的范畴、规律和原则大都是功能性的。它们作为矛盾结构，强调的是对立面之间的渗透与协调，而不是对立面的排斥与冲突；强调的是情理结合、情感中潜藏着智慧；强调的是内在生命意境的表达。

建筑物的外形特征作为远古的遗存，其本源的形式特征是美学上的而非结构上的。美在某种程度上是主观的内容，因为它是依存于我们经验所能感觉到的愉悦这一基础之上的。怡人的快感之所以能让人满足是因为人们通常喜欢美好的事物、柔软的质地、适宜的光线与明亮的色彩等，会有意地避开痛苦的感受、粗糙的材质和感伤的语调。当一件物品显示它的本质时，人们能看到美。如同当我们坐在观众席感受整个空间中到达某种持久的、固性的、意境的"美"时，它便立即感动了观众。

3.2 ——— 视知觉与视觉动力场

人类通过眼睛感知世界的过程叫作视知觉，人类整个视知觉的过程要经过三个领域：物理、视觉生理、视觉心理。物理领域是指物体形态客观存在及光照条件。视觉生理领域指物体形态作为刺激物通过光线被视网膜所接收，并送至大脑皮层的感知阶段。视觉心理领域则是指理解与认识阶段。可以说视知觉的感知过程是一个综合的过程。

视觉动力场主要是指由于物体内部具有能量而使人们在视觉活动过程中感知到动力的存在，同时这些动力共同组成了具有方向性的能量场。对于非物理性客观存在的一种物质形态，动力场依赖人的知觉系统所感知。

3.2.1 ——— 视知觉理论

1 鲁道夫·阿恩海姆（Rudolf Arnheim，1904-2007），德裔美籍作家、美术和电影理论家、知觉心理学家。他是格式塔心理学美学的代表人物，代表作品有《艺术与视知觉》《视觉思维》《走向艺术心理学》等。

视知觉理论最初是由 20 世纪初德裔美籍美学家、心理学家鲁道夫·阿恩海姆（Rudolf Arnheim）[1] 在格式塔心理学的基础上提出的。视觉是人们在日常生活中感知外在物体存在的重要途径，80% 以上的客观现象都是依靠眼睛获得的，并且 75% ~ 90% 的人体活动是由视觉主导的。视觉通过视网膜获得的光、色、形的刺激对外界进行感知。视知觉活动是在视觉活动基础上一种对客观世界的积极探索，带动其他感觉和思维对获得的客观物象进行综合分析，探索客观事物的内在本质，是较高层次的视觉认识。

视知觉理论重点研究审美主体视知觉与艺术现象的关系，其中以人为中心主体，从人的心理感知出发，研究艺术创造和欣赏，并形成相关理论。在《艺术与视知觉》一书中，阿恩海姆将视知觉分成了平衡、形状、形式、发展、空间、光线、色彩、运动、张力、表现等十个方面，其中比较重要的是以下几个因素。

1. 平衡原则

　　不论是物理平衡还是视觉平衡，都意味着包含的每一件事情，都达到了停顿状态时所特有的一种分布状态，其形状、方向、位置等诸多要素之间的关系都达到一定的稳定状态，这种状态可能是客观的平衡，也有可能是通过构图、重力、弯曲等方法造成的视觉平衡。

　　平衡原则的经典案例：人们在观察物体的时候总是习惯于从左向右扫描过去，右侧的部分看起来比左半部更为重一些。一旦将绘画的左半部与右半部互换时，也相当于把人们观赏绘画的习惯顺序颠倒，人们的知觉感受完全不同。比如在西斯廷圣母像中，右图是将其左右镜像后的图像，画面中的轻重关系失去和谐，显然左侧过"重"（图3-2-1）。

2. 简化原则

　　格式塔心理学家提出的关于视知觉的最基本规律就是简化原则。在心理试验中，心理学家们发现人们的视觉并不是完全客观地反映外界事物，而是

图 3-2-1　西斯廷圣母像

把所看到的一切形状尽可能地组织成最简单的结构，使复杂多样的客观世界能有逻辑地成为一个结构系统，从而获得可知觉的秩序。

3. 运动与动力

人们在观察客观现象时，视觉上对运动和方向进行捕捉，同时，运动所造成的力感和动感，在心理上同样会产生力度，这便是视觉力对人的能动性作用。心理力不是一个客观存在的力，但确实是由客观存在的物理力经过人的知觉系统进行转化而产生的。

4. 光色规律

人和植物一样，能够感知光亮，但人同时能感受色彩。因此，光和色彩在人们视觉感知系统中是极为重要的因素。视觉不需要特别的引导和控制，总是会被吸引到视野范围内的亮处，形成视觉中心。例如剧场舞台的追光，其目的在于使观看者的视觉集中于中心人物，从而更好地欣赏演出。正常人的视觉可以分辨约 200 万种不同色彩，但是不同彩度和明度的色彩对人们的吸引力也是不一样的，同样，引起人的知觉反应也不同。

3.2.2 —— 知觉心理学与心理场论

格式塔心理学（Gestalt Psychology）是西方现代心理学的主要流派之一，于 1912 年产生于德国，由德国心理学家马克斯·韦特海默（Max Wertheimer）[1]首创，由考夫卡、苛勒、勒温等人将其延续，又叫完形心理学。格式塔心理学在创造之初就打破了构造主义和行为主义的框架，引发了知觉心理学的革新。

1. 格式塔心理学

该学派既反对美国构造主义心理学的元素主义，也反对行为主义心理学的刺激—反应公式，主张研究直接经验（即意识）和行为，强调经验和

1 马克斯·韦特海默（Max Wertheimer，1880-1943），德国心理学家、哲学家，格式塔心理学创始人之一。

行为的整体性，认为整体不等于并且大于部分之和，主张以整体的动力结构观来研究心理现象。格式塔心理学研究的出发点就是"形"，同时强调"形"的"整体"性，是经由知觉活动组织成的经验中的整体。格式塔心理学认为，任何"形"，都是知觉进行了积极组织或建构的结果或功能，而不是客体本身就有的。格式塔心理学的许多试验表明，当一种简单、规则的格式塔呈现于眼前时，人们会感到极为舒服和平静，因为这样的图形与知觉追求的简化是一致的，这使人们的知觉活动不会受阻，也不会引起任何紧张和憋闷的感受。

格式塔心理学的哲学背景是康德（Kant）[1]的哲学思想。康德认为客观世界可以分为"现象"和"物自体"两个世界，人类只能认识现象而不能认识物自体，而对现象的认识则必须借助于人的先验范畴。格式塔心理学接受了这种先验论思想的观点，只不过它把先验范畴改造成了"经验的原始组织"，这种经验的原始组织决定着我们怎样知觉外部世界。康德认为，人的经验是一种整体现象，不能分析为简单的元素，心理对材料的知觉是赋予材料一定形式的基础，并以组织的方式来进行。康德的这一思想成为格式塔心理学的核心思想源泉及理论构建和发展的主要依据。另一个哲学思想基础是胡塞尔（Husserl）[2]的现象学。胡塞尔认为，现象学的方法就是观察者必须摆脱一切预先的假设，对观察到的内容作如实的描述，从而使观察对象的本质得以展现。现象学的这一认识过程必须借助于人的直觉，所以现象学坚持只有人的直觉才能掌握对象的本质，并提出了具体的操作步骤。这对格式塔心理学的研究方法提供了具体指导。

19世纪末20世纪初，科学界产生了许多新发现，其中物理学的"场论"思想就是其中之一。科学家们把"场"定义为一种全新的结构，而不是把它看作分子间引力和斥力的简单相加。格式塔心理学家们接受了这一思想，并希望用它来对心理现象和机制作出全新的解释。因此他们在自己的理论中提出了一系列新名词，如考夫卡（Koffka）[3]提出了"行为场""环境场""物理场""心理场""心理物理场"等多个概念。

1　伊曼努尔·康德（Immanuel Kant，1724-1804），拉脱维亚裔德国哲学家、作家，德国古典哲学创始人，其学说深深地影响了近代西方哲学，并开启了德国古典哲学和康德主义等诸多流派。

2　埃德蒙德·古斯塔夫·阿尔布雷希特·胡塞尔（Edmund Gustav Albrecht Husserl，1859-1938），奥地利作家、哲学家，现象学的创始人，被誉为近代最伟大的哲学家之一。

3　库尔特·考夫卡（Kurt Koffka，1886-1941），美籍德裔心理学家，格式塔心理学的代表人物。

2. 心理场论

心理场论中的"场"是从物理学中借来的概念，来自于爱因斯坦所述的"场是相互依存事实的整体"。心理场论是库尔特·勒温（Kurt Lewin）[1]于 1936 年提出的心理学理论。他用拓扑学和物理学的概念（场、力、区域、向量等）描述人在周围环境中的行为。心理场论的基本概念是生活空间，认为个人活动于其中的空间是一个心理场。这个场内的全部情况决定着某一时间内的个人行为。勒温认为，在个体行为的表象背后，存在着决定行为的内在动力，而这种决定力量可以界定为心理场或称为生活空间，即行为主体所处的整个主观环境，也就是个体的心理经验的总和。生活空间所包括的是个人和个人感知到的他人和客体，可以分解为个人和环境两个主要成分。个人的生活空间，或其在特定时间内所体验的整个世界（即心理场），乃是在该时刻内决定个体行为（B）的全部事实的总和，行为（B）是个人（P）和环境（E）的函数，用公式表达即：$B=f(P, E)$。勒温的场不仅仅指知觉到的内外部环境中的某些事件（即被知觉到的物质环境），也包括个人的信念、感情和目的等。

勒温的理论深受现象学的影响，他所描述的生活世界不是客观的物理世界，而是个体所体验到的心理环境。外部存在的事实，只有被主体的心理所感知，才能影响主体的行为；反之，对于外部并不存在的事实，如果主体的心理已对其进行知觉并成为主体心理的实在，同样可以影响主体的行为。正如胡塞尔将哲学的研究对象由客观世界转向人的主观经验一样，勒温同样将其心理场论理论的研究对象定为心理事实，也就是个体对客观环境的主观感知、理解和解释。

勒温心理场论的基本主张是：任何一种行为，都产生于各种相互依存事实的整体，而且这些相互依存的事实具有一种动力场的特征。勒温的场论包括个人的信念、感情和目的，也就是认知场、知觉场和信念场。这种重视主体的主观感知和理解，强调主体的理性和能动的特征，关注心理事实和心理过程方法论原则，在根本上就是现象学的方法论原则，这使得勒温的心理学

1　库尔特·勒温（Kurt Lewin，1890-1947）德裔美国心理学家，拓扑心理学的创始人，实验社会心理学的先驱，格式塔心理学的后期代表人，传播学的奠基人之一。

在很大程度上不同于行为主义的心理学。

3.2.3 ——————— 视觉动力场

视觉动力场是对视知觉理论、视觉动力理论和心理场论进行综合分析的一个概念。建筑领域里存在不同的力场式样。当两条街道垂直相交的时候，重叠的区域在空间上是模棱两可的，然而这种重叠却将空间限定为中心对称，重新组织了周围建筑的视觉特征。每一个拐角处的建筑都产生了一个力场，沿着建筑的对称轴朝向十字路口的中心前进，在这种具有明确方向的动力影响下，其他力的式样会被减弱直至消失。

从古希腊露天剧场到现代化大型剧院，舞台作为空间限定的中心点，同样具有强烈的力场指向性。观众厅具有复杂的动力关系和式样，但是由舞台的力作为中心产生的动力场无疑是最强烈的。埃皮达鲁斯剧场（Epidaurus Theatre，建于公元前4世纪，希腊）依山而建，半圆形的平面可容纳一万多人观看演出，所有观众都会被源于舞台中央的力场所吸引，不同于十字路口的动力场，舞台的力场并非无限延伸而是有明确边界的，这种边界给力场以约束和反射。

人类在不同的尺度上和环境连接，当环境在视觉上具有一致性时，这种连接的程度最高。因而在一个观众厅中，人们为了正确知觉一个物体，它的力场必须被观者所尊重，并和物体保持适当的距离，从而在建筑视觉动力的驱使下找到合适的位置。设计师需要调整由观者产生的知觉力来衡量其视觉距离，往往微小的尺度差异也会影响观者视觉感受到的吸引力、排斥力和感应力。当观者的视觉模式可以被直接感知的时候，会与表演者产生最强的情感和认知动力。因此建筑的形状不仅仅是形体形式化的表现，人们想要而且需要从我们的视觉环境中获得愉快，它与里面正在使用的人有着极其密切的关系。

格式塔心理学家考夫卡的生命体三特征论是对"动力"的最早认识和阐述，三特征即形状的限定性（Shaped Boundedness）、动力特性

（Dynamic Properties）和恒常性（Constancy）。考夫卡认为，从重要性的角度考虑，事物的动力特性甚至可以排到首位。而阿恩海姆则首先将格式塔心理学系统中的动力特征理论运用到视觉艺术领域，在他的视觉动力理论中，"力"这一理论贯穿其发展的不同阶段，是其美学理论的基础和核心。无论什么形式的艺术都是建立在知觉的基础上，而知觉又存在着"知觉力"和对于"力"的结构的组织、构建，力的式样和结构对于艺术有着极其重要的意义。

鲁道夫·阿恩海姆曾经写道："对于艺术家所要达到的目的来说，那种纯粹由学问和知识所把握到的意义，充其量不过是二流的东西。作为一个艺术家，他必须依靠那些直接的和不言而喻的知觉力来影响和打动人们的心灵。"对于戏剧表演活动来说，演员的感情输出、观众的互动和接受是其最终目标，而承载这些行为的剧场，则为这个目标的达成提供了场所条件和可能性。如果从场的角度来看观众厅，不难看出观众厅内部蕴藏着大量的"力"，无论是视觉场还是听觉场，都是由其中的各种"力"所构成。

以上重点介绍了视觉动力场相关概念和理论基础，主要包括视知觉、心理场论、视觉动力场的概念，理论基础包括视知觉理论、格式塔心理学和心理场论。应该看到，自从 20 世纪格式塔心理学等心理学理论兴起以来，研究者更加关注人们感知、思维、活动等方面的研究，并将其广泛应用到心理学外的各个领域，通过对人们心理活动的探究反过来研究客观世界的作用。

3.3 ——— 剧场观众厅的视觉动力场分析

"场"是由动力组成并依靠动力的自我配置来进行组织作用的一种状态。苛勒认为在一个场内，动力的交互作用产生了"动力的自我配置"。经过"配置"的动力共同形成了动力场。在格式塔心理学中组织原则就是场组织作用的结果，格式塔心理学家运用动力的观点对场组织作用进行解释。而勒温的"心理场"的主要特征则是在方法上使用建构法而不是常用的分类法，并且注重事件的动力方面，采用心理而非物理的趋向，并且从情境整体开始分析。

观众厅作为一个为人们提供以视觉和听觉为主的知觉体验场所，其各要素的设计如何满足使用者的视知觉感受需求，如何营造符合戏剧表演形式的视觉动力场，更需要设计师综合多方面知识和经验去研究和探索。剧场观众厅作为特殊的复杂的"场"的空间形态，在心理学概念的基础上具有更为特质化、专业化的特征。

3.3.1 ——— 物理力向视觉力的转化

在视觉动力学说中，我们经常提到的"力"，并不是说在形状、颜色、运动中有真的物理力，而是强调在这些元素中感受到动力，可以理解为一种驱使能量场变化的重要因素。对于可视的物体来说，一种有方向性的张力和这个物体的颜色、大小、形状一样都是这个物体所固有的属性，而且蕴含在其他一些直观的属性之中。观察这些物体的人们从被观察物体的直观属性中获取刺激，同时也产生了有方向性的动力。比如说，对比可以产生动力，画在黑色背景上的红色线条看起来就像脱离背景平面而浮在上方，这与事实相违背，正是观看者神经系统对接收到的客观刺激进行一系列动力分析，反馈到头脑中的便是二者相脱离的知觉感受。

阿恩海姆在《艺术与视知觉》一书中曾经有这样一段表述："每一个视觉式样都是一个力的式样。正如一个活的有机体不可以用描述一个死的解剖体的方法去描述一样，视觉经验的本质也不能仅仅通过距离、大小、角度、尺寸、色彩的波长等去描述。这样一些精致的尺度，只能对外部'刺激物'加以界定，至于知觉对象的生命——它的情感表现和意义——却完全是通过我们所描述过的这种力的活动来确定的。"

力是一个无法用知觉感知的存在，但是却可以作用在客观物体上造成其大小、形状、性质的改变，进而被人们的感觉器官所捕捉到。物理力可以通过塑造其形状赋予其生命感，同样可以呈现其内部的力量，即便创造这些的力量跟传递到人们眼里的视觉形态没有紧密的关系，但从这些式样中仍然可以感受到强大的张力。比如说那些以变形性状呈现出来的花瓶的腹部，它的向上的拉力并不一定是由一种向上的物理拉力产生出来的，力的作用是由视觉直接把握的。而这些视觉力刺激到人们的大脑皮层，又掺杂了感觉经验之后，经过大脑的加工处理，转化成了可以影响知觉的心理力。

对于建筑空间来说，内部元素的各种错动、形态的变化都是物理力在具体客观物体上的作用，在被人们知觉的过程中形成了心理力——人的思维对外界事物的综合感知。在观众厅内除了客观物体形态所造成的物理力之外，在戏剧表演过程中，演员的表演也是一种客观存在的物理力，观众在和演员交流沟通的过程中同样可以形成心理力，形成物理力向心理力的转化。

视觉域不仅仅在水平面延伸，也在垂直面上延伸，而垂直与水平维度上的视觉特性也有着基本区别。建筑空间内的水平展开，强调其水平方向为建筑的主要维度，并限定了人眼视域的范围，而空间在垂直方向上的起伏变化，又引导着人眼在高度方向上的开阔程度。观众厅视觉场中的每一个观众席组成自身的一个小的重力中心，由于依赖视觉重力，它就会或多或少地吸引环境中的物体，由此带来观众厅强烈的内聚性。

3.3.2 ——— **多向性、多样性、瞬时性**

1. 多向性

动力是物体内部具有方向的张力，由动力相互作用构成的动力场自然具有多个方向、多个维度。对于住宅、办公等非公共活动空间来说，剧场观众厅动力场由于其内部功能的复杂性和使用者的多元化而经常处于多种不同动力共存的状态。比如说在一部戏剧演出中，演员在舞台上表演，观众会受到舞台上动力场的影响，同时观众与观众之间还存在着动力场，反之，观众产生的动力还能影响舞台上的演员。因此，剧场观众厅是一个典型的具有多向性动力结构的动力场。

2. 多样性

剧场是一个充满矛盾和表现矛盾的场所，因此各要素内部和相互之间形成的动力场也是变化多端的。随着剧场功能的复杂化，不仅多功能剧场内部关系复杂，即便单一功能的剧场观众厅内部依然存在不同演出场次之间、演员和观众之间、观众和观众之间等不同时间、空间要素的错综复杂的作用关系。

3. 瞬时性

戏剧在表演的过程中，演员表演的情节、配合的灯光、现场的声效无时无刻不在发生变化，因此剧场观众厅内部的"场"也具有瞬时性——每一个时刻其场的特征都不尽相同。而对于观看者来说，身处的物理场在不断地变化，随时都要接收不同的外界刺激，知觉到不同的信息，因此心理场也同样在发生变化。这和绘画、雕塑等静态艺术品不同，静态的艺术品运动周期长，其内部的动力和周边形成的场变化可能性相对较小，相对容易把握和控制。

在剧目演出中，乐团表演结束时的场能量变化往往是瞬时的、具有爆发性的，即使在短暂的静默之后。在戏剧开始、高潮或者结束时，演员和观众情绪的变化、周围环境的变化——比如说灯光的亮起、声音的增强或减弱都会使观众厅动力场内各种能量发生大规模的流动和变化，这也是观众厅动力场区别于其他建筑空间的一个重要特征。

3.3.3 ——— 运作与表达

自从知觉场和社会场的概念从物理中被引用后，保罗·波多盖希（Paolo Portoghesi）[1]就开始用阿尔伯特·爱因斯坦学说的精确性来讨论这一问题："我们说当能量集结强时，就是物质；当能量集结弱时，就是场。但那种情况下物质和场的不同，与其说是质上的不同，不如说是量上的不同。"波多盖希把建筑物当作空中的岛屿，并且非常关注最直接显示出动力场的那些形状，即关注同心圆的式样，像把一块石头扔进水池时水面看起来的那样。就像在流体力学中的对应物那样，建筑的视觉动力场从中心扩展并把它的波传播到周围的环境中，远至力所允许的地方。波托盖希曾写道："通过强调除建筑物体之外生成的场，人们会再一次提出空间问题，但却是在一个不同概念的不同条件下提出的。在传统的评论中空间是一种同质结构，一种墙壁封闭的反形式。对于建筑物而言，它对照明条件及其位置漠不关心，而场的概念却是强调围绕建筑结构那些东西的持续变化。"

虽然动力场可以用物理上存在的现象来形容，但实际上的动力场却存在于无形当中。心理学家们对人类大脑皮层对外界刺激处理过程的实验和研究发现，动力场的运作有规律可循，并且不同动力场的运作方式大体相近。

1. 简化

作为格式塔心理学的一个基本原理，简化是指在特定的情况下，任何一个视觉式样都有趋向于感官可察觉的最简单的结构。在知觉的活动中，简化原理是构成物体动力机制的最基本原理。克莱夫·贝尔（Clive

1 克莱夫·贝尔（Clive Bell，1881-1964），英国形式主义美学家，当代西方形式主义艺术的理论代言人。

Bell）[1] 也曾说"简化"是获得"有意味的形式"的主要途径。在自然界中，简化的式样到处存在，从倾斜的岩层中弯曲但规律清晰的纹理、树干不规则但却不交叉的圆形年轮中都可以感受到简化的趋势。艺术活动也是如此，人们在看一幅杂乱无章的图形的时候，往往有一个将其中的元素按照自己所熟识的框架整理再认知的过程。可以看出，人们不仅有将复杂物体简单化思维的倾向，同时简单的形状和物体更容易让人们的知觉和思维被接受和理解。

2. 平衡

所谓的平衡，就是在视知觉动力的作用下各个因素获得一种稳定、到位的配置状态。在阿恩海姆看来，平衡分为两种：物理平衡和知觉平衡。物理平衡就是指作用在物体上的各种力互相抵消，物体保持一种稳定状态；知觉平衡则是指知觉中各种因素的力的配置的完善。心理学家认为，平衡的状态是一种心理上的对应性经验，这种经验是大脑皮层中生理力追求稳定状态时所造成的。每个心理活动领域都趋向于一种最简单、最稳定和最规则的组织状态，这几乎是人的一种本能的反应。影响平衡的因素有很多，对称与否、左右关系、重力、方向等都能影响平衡。

3. 逆简化

艺术是一个复杂的领域，简化律只是人们生理本能的一种活动，虽然其在实际中的运用可使思维活动更为直观，但是如果仅仅顺应人们的本能，艺术很可能变得单纯而索然无味。正如阿恩海姆所说："如果大脑只由简化的趋势所支配，那么甚至看的最基本的行为也不能物化。结果将是一个同质的场，其中每一种具体的输入都像盐的结晶体融化在水中一样。"因此，"格式塔理论必须提供一种与简化倾向相反的倾向理论，只有这两种倾向互相补充的瞬间作用才能解释对形状的知觉"。这种倾向理论就是逆简化原理，也就是人的知觉不仅仅存在着一种偏爱平衡和简化的趋向，还存在一种通过加强不平衡和偏离熟知的样式从而来加强张力的趋向。

4. 分离与联系

剧场建筑几千年的发展过程中，也存在各个功能元素逐步分离又相互联系的过程。在剧场建筑尚未形成之时，最原始的剧场其实只是一块空地，表演者在中心，观众在周边围观。观众按照来到的顺序依次站在人群的里外，爱冒险的观众可以爬到树上或者高台上观看，自然形成三维的围合状态。现在普遍认为古希腊剧场是直接从圆形打谷场发展而来的，随着戏剧形式的多样化、社会文明的发展而逐步形成专门的观演空间，并且由最原始的中心式舞台，逐步进行观众和演员两种活动的分离，镜框式舞台和伸出式舞台也依次应运而生。从内外舞台的分离，到楼池座分离、多包厢体系的广泛运用，结合复杂的声、光学专业设计，多层次的观众厅形象已经被设计者和观众所接受和喜爱。

剧院建筑作为现代人们主要的公共生活场所之一，自产生之日起就有着为人们提供交流、休闲、欣赏戏剧的重要功能，而观众厅则是这些活动得以发生和延续的场所。不同于一般的建筑空间，作为一个有独特动力场特点的建筑空间，观众厅在设计中利用视觉动力场的相关理论分析、介入内部空间形态的设计，可以弥补过去剧场建筑设计过于依赖规范、经验而忽略使用者心理感受的弊病，为观众厅的设计探索一些新的角度和方法。

观众厅空间形态设计

第 4 章 ———

在人生和剧场之间，没有清楚的界限，
而是连续一致的。

———法国戏剧家翁托南·阿铎

建筑空间是一个承载场景和行为的空的容器，空间形态是建筑空间的内外部形式和表面特征。历史上曾经有过各类表演艺术，不论是莎士比亚的戏剧，还是中国传统地方戏曲，它们都曾创造了自己独特的演出空间形态。戏剧的生命因为这些相匹配的演出空间的存在而生生不息地延续，而它们一旦与周边的生长空间难以展开积极的对话和有效的交流，便意味着该种表演艺术生命的衰竭。剧场观众厅的空间形态具有独特性和专一性，依赖于视线、声学、光学等技术方面的综合设计，但目的都是为观众和演员提供一个舒适、宜人的观演环境。

空间形态设计是一个立体的思维活动，观众厅的空间形态可以从两个层面来理解和分析——基面和界面。基面对应水平面，是指在一个空间内，物体在水平方向上存在的方式和秩序；界面对应垂直面，是指垂直于基面的平面，用来承载该面内物体的分布和动力场运作。每一个空间从底层基面开始可以分割成无数个基面，同样道理，在垂直方向也可以分割成无数个界面，基面和界面相互交织却互不相同，看似互不干扰却彼此影响，将空间从两个维度分割成许多层次。

4.1 —— 观众厅空间的基面与界面

在观众厅内部空间中，基面和界面两个不同的层面中有着不同的特点，充斥着不同的矛盾。从这两个方面出发，本质上是将三维的空间视觉场二维化处理后进行研究，同时又从三维的角度出发去解决二维的矛盾，其目的是更好地理解观众厅内部动力场的特点和运作，创造出满足使用者心理和生理需求的观演空间。

4.1.1 ———— 基面——联系中的分隔

在人们的感知体验中，水平面是一个相对稳定、亲近、容易到达的平面。这种感知本质上是源于人们对可触距离的判断，水平方向的距离差比垂直方向的距离差给人们的直观感受更可接受、易到达。对于建筑来说，水平式伸展的设计会给人一种接近大地更为稳定的感受，一种所有部分都是可以触及的感受，人们往往会选择更容易接近的静止和依赖大地的水平方向。

在人们知觉可达的较小范围内，基面层面的交流确实相对容易。在伊丽莎白时代，舞台不太可能使用大量的布景，因为在当时的形制下，布景的设置将影响场与场之间连续不断的衔接。因此，剧场的设计大部分都是在围合的院子中间设置一个舞台，围绕舞台的空的场地设置观众区。没有大幕，没有多少布景，只有道具，突出以演员为重点的表演。往往在演员与观众之间存在着一种默契，这种默契使得舞台得以突破时间、空间的局限，通过台词与演员的动作表情，启发观众自己的想象，从而即便在能容纳 1000 名观众的剧场里，观众与演员们的距离仍然感觉非常近。站在"池子"里的观众离舞台不过几米远，坐在正面环廊里距舞台前沿也不出 10m，观众从三面包围舞台，而演员能把上千名观众作为一个整体和剧情发展结合到一起。这种距离上的亲密关系使观众把注意力完全集中在演员身上，观众凭想象参与对戏剧的再创造，演员正是感觉到和观众之间情感上的交流而增强了艺术表演的感染力。

当然，这种高度互动、交流的关系往往仅存于相对较小的剧场中，一旦观众厅达到一定的规模，单纯的平面层面上的联系和交流则会因为距离的产生而消失，甚至产生分隔和异化。如英国斯特拉特福莎士比亚剧院观众区

　　　视美与听悦　剧场观众厅设计的艺术与技术

和表演区之间有了将近十米的距离，这个距离成了观众厅中的"无人区"（图4-1-1、图4-1-2）。由于"无人区"的存在，无论是从空间上还是情感上，演员和观众之间的"联系"被切断，反而因为在同一层面上而产生隔阂。所以，从基面的角度考虑，观众厅空间形态设计在普遍的联系中存在着分隔的可能性。

观众观看演出往往人挨着人坐在一起，出于声学的经验及空间的考虑，每个人的座位不会极度宽敞，同时共同的视点及相同的视距让临近的人无形

图4-1-1　英国斯特拉特福莎士比亚剧场平面图

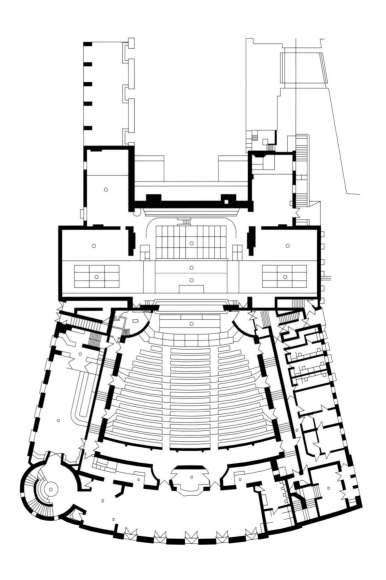

图 4-1-2　英国斯特拉特福
莎士比亚剧场透视图

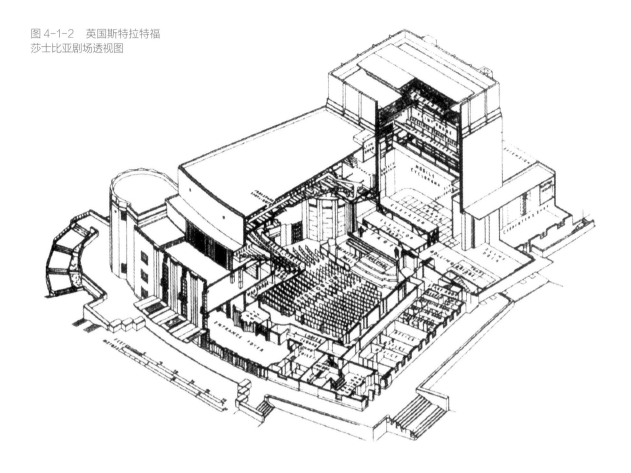

中有着某种"联系"。而人在此时有必要有适当的"分隔",以产生各自独立的视觉、听觉感受,激发出丰富的想象力。因此,在视距设计、排距设计及座位排列的弧度上都应有必要的关注,以满足人的心理及生理需求。

4.1.2 ——— **界面——分隔中的联系**

视知觉理论研究表明,人类生活在不对称的空间里,空间拥有理论上可以移动的三维的众多方向,而在所有的方向中,被重力吸引的方向很突出。这种感知到空间不对称性的本领的根本原因在于人们的感官系统具有局限性。在几何学上,垂直方向的一条直线,向上和向下两个方向并没有不同,而如果置于客观环境中,那么朝向地球的方向则被赋予了新的意义。因此,垂直方向是一个充满动力不稳定的方向,也存在各种变化的可能性。

垂直方向是一个很有可能创造精彩的维度。德国建筑师韦伯在1955年重建完成的汉堡剧院中使传统巴洛克式观众厅的围合挑台获得了新生。他将侧面的挑台做成一个个略微倾斜的雪橇形，层层跌落地朝向舞台方向，这既起到了传统的包厢式侧挑台的围合作用，又解决了视线的问题（图4-1-3、图4-1-4）。科隆大剧院的挑台同样也利用了这种雪橇形的跌落式挑台方法。西柏林的德国歌剧院观众厅将分段和连续的两种侧挑台形式结合在一起，两层大挑台撑满观众厅的整个后部，底层挑台在两侧连续跌落下来，而上层两侧的挑台则被一段段发散形斜侧墙分隔成雪橇形小挑台。这样的做法对当代剧场观众厅中所出现的大面积的无装饰的侧墙作了分段处理，达到了丰富的视觉效果。将侧墙分为竖条形几乎成为德国新剧场的一个特征，不仅仅在歌剧院中，在话剧院里也采用同样的方式，并且被全世界的设计师学习和采用。这种挑台的造型在垂直方向上将观众分成不同的层次，不同高度的观众互相为彼此眼中的风景。在这样的一个观众厅内，不止有一处舞台、一场表演，每个人既是观者又是演员，坐满观众的观众厅本身就是一个趣味横生的舞台。

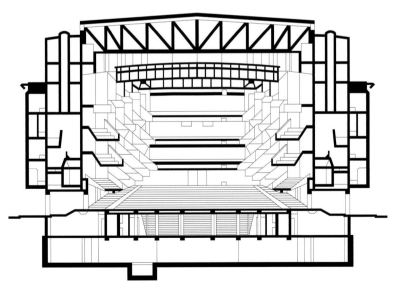

图 4-1-3　德国汉堡剧院观众厅横剖面　　　　　　　　　　图 4-1-4　德国汉堡剧院观众厅雪橇形挑台

4.1.3 ——————— 基面、界面的互补、整合关系

观众在不同剧场中观赏演出，彼此相对的分隔只是临时性的，其相互的内在联系是必然的。无论是演员还是观众，第一次进入观众厅都会对其整体空间形态有一个综合性的认识和感知，而这个行为伴随着人们视知觉系统中简化、抽象的过程，会在大脑中形成对这一空间的初始印象。比如说走进维琴察奥林匹克剧场（Vicenza Accademia Olimpica，1584 年，意大利），继承古希腊传统的开放舞台和半圆形观众座席，运用透视布景构成不能换景的舞台及室内精心装饰的古典叠加柱式给人带来的视知觉感受，和一个走进米兰斯卡拉歌剧院这样一个典型的马蹄形观众席和箱型舞台剧场的人的感受是完全不同的（图4-1-5、图4-1-6）。

随着戏剧形式的增多和演出需求的变大，剧场观众厅的内部形态开始有了各种类型的尝试，以适应快速发展的演出需要。在 20 世纪之后的发展过程中，与舞台相关的技术和视线、声学等专业门类逐步完善，新材料、新技术在观众厅内部设计中开始应用，观众厅空间形态的设计手法也在逐渐摸索中走向成熟。

图 4-1-5　意大利维琴察奥林匹克剧场内景

图 4-1-6　意大利米兰斯卡
拉歌剧院内景

空间可以通过基面和界面两个方面来认知，但作为体验空间的人们来说，两个维度的分析和设计最终是通过三维的知觉感受来体现的。正如视觉动力学研究表明，与水平方向的亲近感相比，垂直方向的距离容易使人形成充满隔阂的印象。界面上的各个要素之间看似存在着相互隔离的趋势——比如楼池座的观众，但是这些要素之间又是相互联系不可分割的。

在对观众厅组成要素的技术研究中，本书将观众厅分成基面与界面两大类，其中基面的组成要素包括观众厅地面层面和顶棚层面，其中地面包括视线（视点、视距、俯角、水平视角、视线设计方法）、座椅排列（排列方式、排列形式、排距）等；顶棚包括面光、反射板等；界面的组成要素包括观众厅"第四堵墙"舞台台口、侧墙及后墙三个层面；台口主要包括台口形式、台唇、乐池等；侧墙包括包厢、耳光等；后墙包括追光、放映室等。

4.2 —— 观众厅基面设计要素

在基面的层面，影响空间形态的主要要素有舞台、观众席及二者的关系，不同的垂直高度也分为不同的基面，比如楼座中不同包厢之间的关系、错动的挑台之间的关系等，因此对基面要素之间相互关系的研究与界面的研究密不可分。为便于分析，将观众厅内池座、楼座及包厢处的地面、楼面统称为观众席层面；将顶部的面光及吊顶统称为顶棚层面。

4.2.1 ——— 观众厅观众席层面

观众席是剧场建筑的重要组成部分，其基本要求是观众能够看得清楚、听得舒适并能够提供舒适的体验、营造安定的气氛，以便观众集中精力观看演出。要满足看得清楚的要求，需要进行严谨细致的视线设计；此外，观众席的座位设计是否合理，直接影响观众视觉、听觉质量的优劣。良好的座位设计是保证观众厅合理组织流线的必要条件。同时，随着观众对舒适度要求的提高，对座位的排列和选择也提出了新的要求。

1. 视线设计

良好的视线设计是观众观演效果的重要保证，观众席地面起坡提高后排观众座椅标高可以有效地解决视线遮挡的问题。在视线设计中，观众视线与前一排观众眼睛间的垂直距离通常称为 C 值。为保证视线，后排观众的眼睛的抬高值要不小于前排观众的眼睛至头顶的距离，C 值宜为 $0.10 \sim 0.12\text{m}$，观众厅座椅采用正排和错排两种座席排列形式，C 值通常取 0.06m 和 0.12m（表 4-2-1，图 4-2-1~图 4-2-3）。

表 4-2-1 观众席座位排布与 C 值关系

座位排布	C 值	特点
正排法	0.12m	后排观众席与前排观众席同种方式布置，后排观众视线要通过前排观众头顶落在设计视点上
错排法	0.06m	后排观众席与前一排错开布置，后排观众视线可以从前排观众头部间的空隙穿过后，再擦过前面第二排观众的头顶，落在设计视点上

地面的升起是保证大容量观众厅观众良好视线的重要措施，在进行视线升起设计时，既要满足视线不被遮挡，又要避免过陡的升起给人们带来的垂

直方向的隔阂感。相对来讲，平缓的地面升起，可以保证观众处在一个水平面，增强相互的交流，同时减弱观众垂直方向远离舞台的趋势，易于让观众对环境形成比较稳定的感知心理。而在楼座设计中，应注意不同高度的升起对观众的观看体验及观众厅的空间形态效果有很大的影响。对于观众来说，楼座挑台较浅、座席升起的角度过大，会形成比较强烈的前倾感和不稳定感，同时也会减弱观众和舞台的联系和交流。对于演员来说，大坡度的升起会使观众席形成强烈的环绕感和压迫感，比较容易突显观众的反应。

在剧场设计中，随着建声、光学机械设备的发展及戏剧形式的多样化呈现，观众厅剖面形式也逐渐产生多种变化，具有更多的灵活性。如温州大剧院的池座采用了全台阶形式，共28排，从5m标高上升至11m，平均起坡为0.22m，

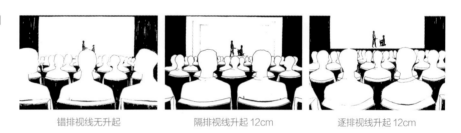

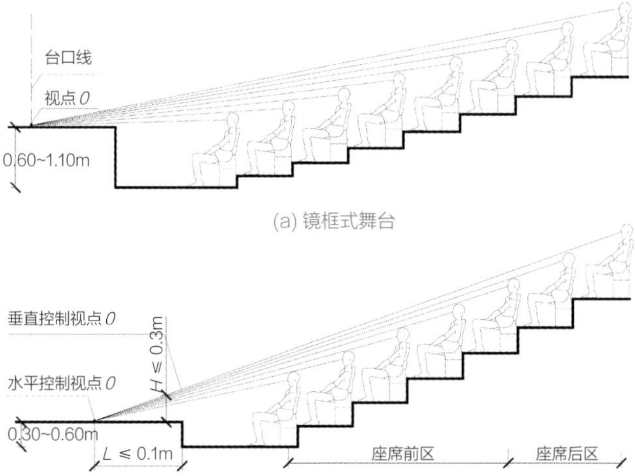

错排视线无升起　　隔排视线升起 12cm　　逐排视线升起 12cm

图 4-2-1 观众厅座椅排列形式与观众视线

(a) 镜框式舞台

(b) 伸出式舞台

图 4-2-2 视点及舞台高度示意图

（座椅可对齐布置）

(a) 逐排升起图解法设计示意

（座椅应错排布置）

(b) 隔排升起图解法设计示意

图 4-2-3 视线 C 值

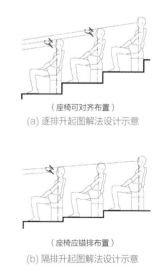

图4-2-4　温州大剧院内景
照片

后部设有两层挑台，两侧墙各设三层内包厢，形成独特的观众厅空间视觉环
境（图4-2-4）。

2. 座位排列方式

根据观众的人数及观众厅的形状，座位有着多种排列方式，主要有长排
法和短排法两种。同时在纵、横走道及楼座前排距离等处都有明确的疏散及
舒适度规定。

建筑之间的距离会影响它们相互依存或独立的程度。如果间隔被完全消
除，两座建筑会倾向于融合；如果间隔过大，则建筑倾向于各自独立。同样，
观众席上座椅的间距也会影响到观众彼此之间的远近亲疏。

在观众席座椅设计中，座位的宽度和排距关系到观众的视觉质量、人群
疏散、空间的有效利用以及观众厅空间整体的视觉效果等因素。传统的座椅
布置方法主要是长排法和短排法，不同的排列方式对观众厅所形成的不同视
觉效果有一定的影响。长排法比较适用于面积较小的观众厅，观众从两侧进出，
中间形成范围较大的观众聚集空间，便于观众之间相互影响和交流；短排法
将观众席分成相对较小的不同区域，方便人流的疏散，同时将观众席划分为

表 4-2-2　座席排列方式及比较

长排法		短排法	
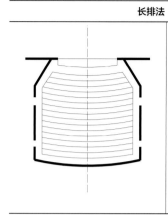	席位为成片式布置，取消了席位范围以内的所有纵横走道，仅设边走道及前后横走道；双侧走道时每排数量不超过 50 个，单侧走道时不超过 25 个；超过限额时，每增加 1 个座位，排距增大 25mm；此种形式的席位质量优良，百分比可达到最高	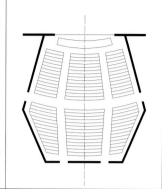	最常用的观众席排列方式；席位区内设置纵横过道，每排席位的连续排位数受限制，双侧走道时，一排座位数不超过 22 个，单侧走道时不超过 11 个；超过限额时每增加 1 个座位，排距增大 25mm

不同的部分，便于灵活地布置观众席，增加观众厅空间的趣味性和可变性。

长排法与短排法对连续排位数与排距关系的相关要求见表 4-2-2、表 4-2-3，长排法的排距见表 4-2-4。

表 4-2-3　连续排位数与排距

最大连续排位数（个）		排距（mm）	净椅距（mm）
一侧过道	两侧过道		
11	22	800	≥ 300
15	30	900	≥ 400
20	40	1000	≥ 500
25	50	1100	≥ 500

表 4-2-4　长排法的排距

连续座位数（个）	排距（mm）
25	850
40	900
50	950
60	1000
≥ 60	1100

根据我国现行剧场设计规范，短排法设双侧走道时，不应超过 22 座，单侧走道不超过 11 座，硬椅排距不应小于 80cm，软椅排距不应小于 90cm；长排法设双侧走道时不应超过 50 座，单侧走道不超过 25 座，硬椅排距不应小于 100cm，软椅排距不应小于 110cm。

随着多种新的戏剧形式的兴起和可变剧场的出现，观众席座椅的排布方式有了多种可能性。建于 1998 年由矶崎新设计的日本奈良百年会馆，剧场无舞台和观众厅之分，呈现一个完整的大空间，在剧场的后部有一个被称为"虚舞台"的空间与前部大厅相连，座椅分成不同的小区域，根据需要排布成不同的方式（图4-2-5）。赖声川导演的戏剧《如梦之梦》演出过程中，观众席位于舞台的中间，舞台围绕观众席布置，这要求观众席的座椅可以360°旋转，观众自己来选择所面对的方向。新的观众席排布形式为观众席带来了创新和变革，也为演出效果及观众厅情境体验带来了新的可能。

3. 座位排列形式

观众厅座椅的排列方式一般包括直线式、弧线式、折线式及混合式，在选择座席排列形式时，要结合观众厅的几何形体、尺度大小、使用性质及装修状况综合考虑，完善观众厅的空间艺术形态（表4-2-5）。

表4-2-5 观众席排列形式

排列形式	特点	图例
直线式	有利于地面升起的标高控制和座椅安装，施工便利；最好用在跨度18m以下的观众厅内，因为跨度过大会导致边座的观众视线很差	
弧线式	目前最常用的排列方式，适用于任何形式及规模的观众厅；每排视距大致相等，有良好的舒适度，有优美柔和的空间艺术形态	
折线式	这种排列方式可认为是直线排列和弧线排列的折中方式	
混合式	一般以横过道为界，前后采用不同的排列方式；一般前区大多采用弧线或折线形式	

4. 座宽与排距

确定座宽和排距关系到疏散、视线、起坡等很多因素，同时要考虑到观

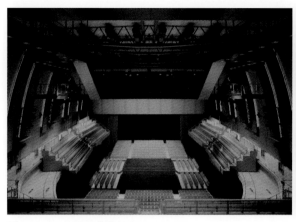

图 4-2-5 日本奈良百年会
馆内景照片

众进出座位的便利因素，考虑到冬季衣服厚重的因素，依此设计适宜的排距。一般排距不宜小于 0.8m，座宽不宜小于 0.48m，通常取 0.5m。增加座宽虽然有利于调节视野，增加舒适度，但是要综合考虑观众厅的座席容量，以及对声场环境的影响。

《剧场建筑设计规范》（JGJ 57—2016）根据观众席不同的排列方式对排距提出了具体的要求，见表 4-2-6。

表 4-2-6　观众席排距要求

排列方式	硬椅排距	软椅排距	台阶式地面
短排法	≥ 0.8m	≥ 0.9m	排距应适当增大，椅背到后面一排最突出部分的水平距离不应小于 0.30m
长排法	≥ 1.00m	≥ 1.10m	排距应适当增大，椅背到后面一排最突出部分水平距离不应小于 0.50m

规范中规定的数值是不可逾越的最低标准，因此可以将这些数值定为对应最低分的极限值。随着排距的增加、空间的释放，观众观演体验的舒适性也会有所增加，因此，在极限值之上，随着排距的增大，评分值也会提高。在设计实践中，经济因素是一个至关重要的制约。无限制地增大排距，势必会造成资源的浪费，使空间利用率下降，甚至还会影响每座容积等关键技术

指标。同时，过大的排距也会影响席位区内的观演氛围。

5. 座椅的选择

座椅尺度的合理选定，影响观众厅席位数、消防疏散和舒适度体验，甚至直接影响观众厅的面积。

选定何种座椅尺度取决于观众厅的使用标准及等级。剧场及电影院建筑的质量标准分为特、甲、乙、丙四个等级。特等的技术要求根据具体情况确定。观众厅面积与座椅数量有着直接关系，其面积指标按建筑设计规范列表如下（表4-2-7）。

表4-2-7 剧场建筑质量标准与座椅数量关系

注：甲、乙、丙等级应符合下列规定：①主体结构耐久年限：甲等100年以上，乙等50~100年，丙等25~50年；②耐火等级：甲、乙等不应低于二级，丙等不应低于三级。

等级	剧场（m²/座）
甲	≥ 0.70
乙	≥ 0.60
丙	≥ 0.55

世界各国座椅宽度基本近似，根据国情、传统习惯、椅子形式、质地状况等因素来选定，如沙发软椅与硬面翻板椅的宽度不会相同。如表4-2-8所示，座椅宽度指扶手中距。

表4-2-8 世界各国座椅宽度要求

国名	座椅宽度（cm）	说明
美国	（50.8）、（53.3）、（52.3）、（55.9）、（58.4）、60、61	常用的为括弧中的宽度
英国、法国、德国、意大利、奥地利、瑞士、芬兰、瑞典	50、51、52、53、54、55、56、57、60	英国一般规定为 ≥ 48，德国 ≥ 50；采用 50 ~ 52 居多，最大为 56
俄罗斯	50、51、52、53	规定最小宽度为 50
捷克	50、52、54.5	≥ 50
中国	48-50、50-70	前者为硬椅、后者为软椅，一般48 ~ 60

选定座椅的原则一般为舒适、牢固耐用、安装简便、造型美观、便于清洁等。座椅的选择不仅仅是满足座宽排距及美观要求，重要的是要综合声场设计条件，如使一个座椅的声反射与吸声量近似于一个人，保证剧场满场及空场的声学效果均达到优良。同时，座椅的牢固耐用、下送风口便于清洁等问题均要统筹考虑。

顶棚层面是观众厅内重要的部分，不仅影响人们进入观众厅的第一视觉感受，也是剧场演出必要的设备空间。既要充分满足演出所需要的面光、追光等功能的需求，同时也要与顶棚造型融为一体，形成观众厅空间形态的场所氛围。

4.2.2 ——— 观众厅顶棚层面

1. 面光

观众厅面光是舞台灯光照明中必不可少的，它不仅是塑造演员形象的主要投射光源，同时与剧场观众厅顶棚设计关系密切，是一个容易引起设计矛盾的地方。从舞台灯光角度来看，这里是一个非常重要的出光位置；而从声学、室内装饰效果来看，它可能会成为一个着重需要处理的点，需要与天棚、吊顶以及通风等设备要素相结合共同设计，设计不好会影响观众厅室内空间的氛围及演出效果。

面光主要用于照亮舞台前部表演区，如图 4-2-6 所示。其垂直投射使舞台表演区下面获得均匀效果；交叉投射增强舞台中心区域及纵深亮度；重点投射加强局部舞台表演区域的照明。

面光作为舞台重要的正向补光，其主要的技术参数有相应的规定。从舞台灯光设计的角度看，面光位于舞台口外、观众厅上部、从正上方向舞台投光的灯位。面光是舞台正前上方向舞台投射的光，以正面照亮为主，受光效果自然。一道面光紧靠舞台口，主要用于大幕内主舞台前演区，其光轴与大幕线夹角应不大于 45°，射至表演区中心为 30°~45°。除此之外按至观众厅后部的顺序依次称为二道面光、三道面光等。二道面光投射大幕外的台唇

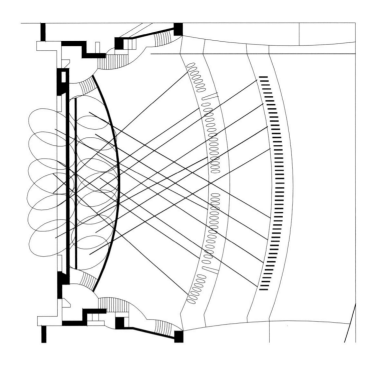

图 4-2-6 面光光束示意图

与乐池区，尤其设升降乐池升起后的表演区，其光轴与大台唇前沿夹角为50°~60°。一、二道面光功能可互为补充，作表演区的正面主光，尽可能把光投射到舞台深处（图4-2-7）。

面光内部要设置用于检修的面光桥，净高不小于2m。面光桥应有方便通道与耳光室、天桥、灯控室相通。面光桥中通行宽度应不小于1.2m，中间不允许有隔断，桥宽应大于台口宽度（图4-2-8）。面光桥平面形状应按舞台台唇凸出部位的圆弧状，尽量采用同心圆的弧形布置，使面光各个灯具投射的照度均匀。面光桥内灯具安装可分为上、下两层，也可单层排列。同时注意观众厅顶部形状，面光出光应尽量覆盖舞台较深处，满足较大角度范围内连续布光要求，二道面光与一道面光衔接，一道面光与桥光衔接。

2. 面光开口尺寸

面光的数量及布置的水平宽度，应与剧场舞台的台口宽度相当，间距可

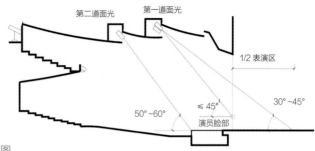

图 4-2-7　面光位置示意图

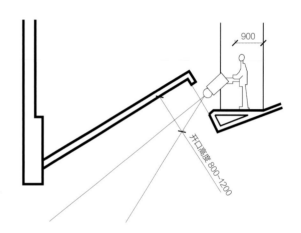

图 4-2-8　面光桥平面

在 0.8~1.5m 之间，即一道面光根据照度要求可由 8~20 只灯具组成。不同剧场的演出类型、台口形状、灯具数量及特点等决定不同的开口尺寸。

　　面光和耳光整体组成台口外光，当耳光出光口面积较大时，面光桥开口尺寸可以稍小；反之，应较大。同时要考虑舞台后场及耳光、台口尺寸因素的影响。

　　台口尺寸较小（主要是宽度），面光桥开口尺寸则较小；反之，较大。以上都是一些常规处理方式，对于一些内部结构、形状特殊的剧院，或声学要求与灯光设计有冲突、面光不能采取常规做法时，可用部分明挂，或全部明挂方式实现面光位置的设计。这需要与建筑、装修部门密切配合，商讨合理的吊挂方案（表 4-2-9 ～表 4-2-11）。

表 4-2-9 演出类型与开口尺寸

演出类型	开口尺寸
传统歌舞剧	演出区域多在舞台较深位置，其主演区正面光多来自台口灯光渡桥，面光所需灯位不是很多，面光桥开口尺寸可小一些
现代歌舞剧	区域向观众席方向发展，对面光要求很高，灯具数量相应增加，面光桥开口尺寸应较大
现代综艺	演出区域跨度很大，前面已越过台唇到达乐池，面光要求更高，面光灯具数量更多，面光桥开口尺寸要尽量大

表 4-2-10 台口高度与开口尺寸

台口	开口尺寸
台口较低	面光位置相对接近于台口，即投光距离较近，面光桥开口尺寸可较小
台口较高	面光位置相对远离于台口，即投光距离较远，面光桥开口尺寸可较大

表 4-2-11 灯具特点与开口尺寸

灯具特点	开口尺寸
亮度高、调整范围大、体积相对小	小
亮度低、调整范围小、体积相对大	大

3. 面光设计要求

面光带同时要和天棚统一设计，功能是为舞台上的表演补充光源，面光带主要的影响群体是演员。对于观众席中的观众来说，面光对形态的影响主要是其对天棚反射板形态和分割的作用。对于面对观众席的演员来说，面光的合适与否直接影响其戏剧演出，而嵌入吊顶的两条面光带同样也是天棚上不可忽略的水平要素，直接影响演员所感知的观众席的空间场所。

4. 反射板设计要求

天棚的形状和材质直接影响观众厅空间反射声，天棚的吊起高度和材质的吸声能力影响观众厅的容积和混响时间。在观众厅天棚设计时，一般根据几何声学早期反射声原理设计，利用台口前天棚作早期反射声面，远离台口的观众厅作声反射、扩散面，结合几何造型、面光、通风等设备综合设计，改善观众厅的音质和空间视感。

随着新材料和新技术的发现和广泛应用，观众厅反射板的使用也出现了材料、颜色、肌理等元素的多样化，同时也可以改变人们的视觉感受，营造轻盈、飘逸的天棚造型。同时，可变式的反射板也逐渐被应用到剧场中，通过改变反射板的数量、方向甚至材质可以改变观众厅内部的声场分布，进而影响混响时间，满足不同戏剧形式的演出。

4.3 —— 观众厅界面设计要素

在剧场观众厅中，垂直方向是一个重要的方向。在界面的层面上，观众厅内部各种复杂的矛盾都可以呈现出来。比如说，不同标高层面的观众席——池座和楼座、包厢之间的关系，舞台、乐池、池座观众之间的相对关系，不同位置声学和光学的配合，等等。出于观众席容量的需求，很多剧场采用多层楼座的方式，该设计为了保证合理视线会导致座席升起较大，这种垂直方向的距离提升是对池楼座观众之间及不同层面的楼座观众之间的一种隔离。

无论是从视线，声、光学技术的角度出发，还是从剧场观众厅氛围的角度考虑，垂直方向的设计对剧场观众厅整体空间形态设计都是画龙点睛之笔，但是如果忽略界面要素的联系和设计，则从出发点就可能出现极大偏差。

4.3.1 —— 观众厅舞台台口层面（"第四堵墙"）

传统观众厅按照舞台的形式划分，有封闭式舞台和开敞式舞台两种布局。封闭式舞台最常见的为镜框式舞台，一般是观众席与舞台之间有结构遮挡，将观众区与表演区分隔开，观众透过镜框似的台口，观看舞台上的演出。开敞式舞台主要应用于音乐厅，表演区位于整个观众厅的中央，观众可以从多个方向观赏舞台演出。此外，开敞式舞台还包括伸出式舞台，常用于戏院、戏剧场。在具体应用时，也常常和镜框式舞台结合起来，伸出式的舞台作为活动舞台使用。

1. 台口

台口是区分镜框式剧场舞台和观众厅的分界，归纳起来有边框式、无框式、侧框式三类。镜框式台口出现在文艺复兴时期，20世纪初马克斯·利特曼（Max Littmann）[1]结合当时的新技术，对台口进行了革新，率先在设计中采用可变式台口，从而在同一剧场中可以满足不同使用方式的要求。现代伸出式舞台的源头是20世纪20年代的法国，但直到第二次世界大战以后才大规模地兴起，并开始超出实验剧场的范畴。

台口所在的竖向平面常被称为观众厅的"第四堵墙"。"第四堵墙"连同侧墙、后墙、池座、楼座、顶棚共同围合出镜框式舞台剧场观众厅最基本的立体形态。

2. "第四堵墙"

在戏剧表演领域，"第四堵墙"的概念是由安托万[2]首次提出的，他指出："舞台布景要显得富于独创、鲜明和逼真，首要的就是要按照某种见过的东西如一种风景或一个室内景来制造。如果是室内景，制造时就得有四条边、四堵墙，而不必为第四堵墙担心，因为它以后便会消失，好使观众看到里面发生的一切。"这个概念最初的提出是在镜框式的舞台上，目的是为了使演员忘记观众的存在，进入所表演的剧目场景中去。这个"第四堵墙"指的是舞台的台口，台口是镜框式舞台特有的构造，是指舞台和观众厅两个空间的交接位置，是分隔舞台和观众席的隐形的"镜框"（图4-3-1、图4-3-2）。

"第四堵墙"从概念上可以理解为对观众是透明的，对演员来说是不透明的。这种状态对需要大量布景的现实主义戏剧尚可使用，对非现实主义等类型的戏剧来说，"第四堵墙"的存在非但没有增加戏剧的可欣赏性，反而成为阻碍观众和演员交流的屏障。无论是中心式、镜框式还是开敞式的舞台，其实阻隔观众和演员的"第四堵墙"都或多或少地存在，它的存在使得

1　马克斯·利特曼（Max Littmann，1862–1931），德国建筑师。

2　安德烈·安托万（André Antoine，1858–1943），法国导演、表演艺术家、戏剧活动家。

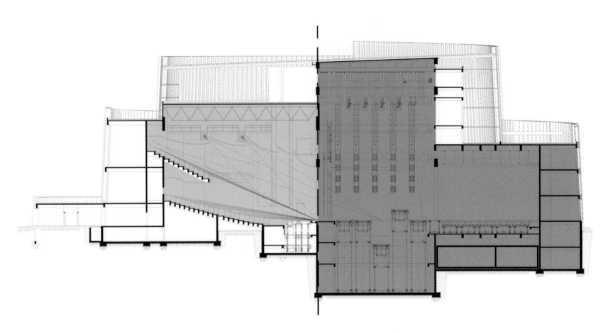

图 4-3-1 "第四堵墙"的剖面分析（从图中可以看出，观
众厅的舞台部分和观众席部分被中间虚线所在的镜框台口分
成了两个部分，由于相互的交流被限制，形成各自的物理场）

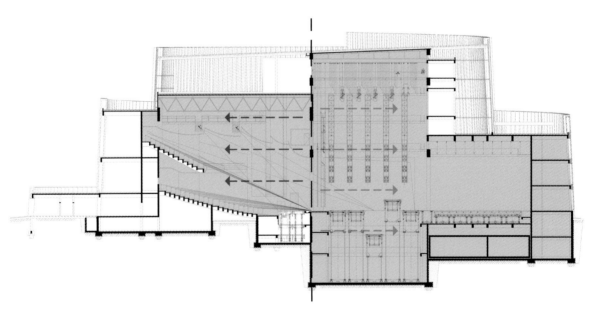

图 4-3-2 场力作用表现图（从图中可以看出，在两个物理
场相接的地方，也就是台口所在的区域具有最强烈的冲突和
矛盾，这种矛盾随着与虚线距离的增大而减弱）

观众厅内部的动力场分为两大区域，这对戏剧表演来讲利弊皆存。是否打断这"第四堵墙"的阻隔增强两个动力场中力的融合和影响，则要根据戏剧表演的类型和需求来决定（图4-3-3）。

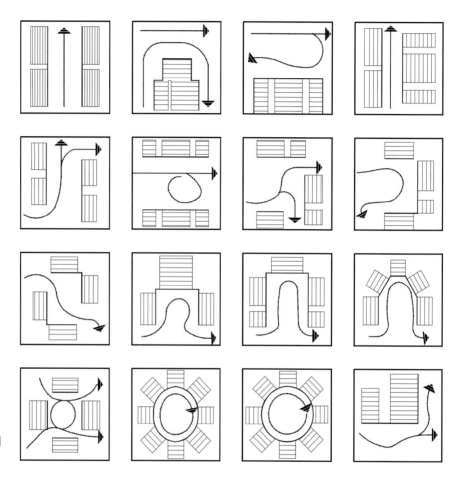

图4-3-3 矩形剧场"第四堵墙"的变化

3. 台唇

台唇是台口线以外伸向观众席的台面，供报幕、谢幕、场间过场戏使用。一般台唇的两侧可以设台阶作为舞台和观众厅的联系通道。歌剧院一般不在台唇上表演，前侧设有乐池，因此台唇不宜尺寸过大，否则会增加观众视距。

台唇有多种平面形式，弧线形台唇是最普遍的形式，通常席位、乐池和台唇采用相同的曲率。直线形台唇施工便利，对升降乐池的分块和构造有利（图4-3-4）。

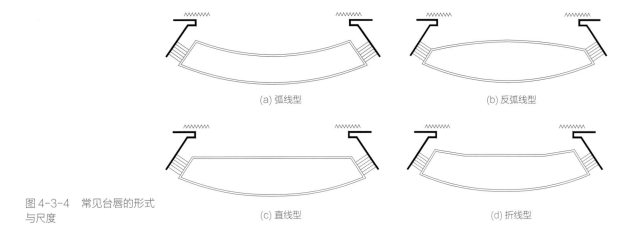

(a) 弧线型   (b) 反弧线型

图 4-3-4　常见台唇的形式
与尺度

(c) 直线型   (d) 折线型

4. 乐池

乐池是乐队演奏和合唱队伴唱的场所。舞剧、歌剧都需要乐队和乐池，京剧和地方戏常在舞台的上下口处伴奏，可以不设乐池，但是有些如越剧、沪剧、黄梅戏等常在乐池中伴奏。

乐池的平面设计主要考虑足够的面积和合适的长宽比，剖面形式主要有半封闭式、半开敞式和开敞式，后两者由于音质效果相对较好而经常被采用。乐池的前墙一般为弧形。台唇不出挑时，后墙形式与台唇一致。弧形后墙有利于声音扩散，直线形有利于乐队排列和演员配合，且施工更简便。乐池侧墙一般向观众席作八字形敞开；个别乐池侧墙向舞台作八字形敞开，声音向舞台反射。

4.3.2 —————— 观众厅侧墙层面

观众厅侧墙分布在舞台台口两侧，左右两个侧墙连同后墙是围合观众厅空间形态的重要界面，既要合理地解决耳光等设备空间的需求，又要有效地解决声场环境所需要的墙面的形状，从而满足观众厅空间形态的效果与建声设计要求。

1. 耳光

耳光室是靠近舞台侧墙最为重要的部分，对营造观众厅空间形态有重要的影响。在传统的观众厅设计中，耳光室的形态及光线对观众视觉上的影响相对比较小，对演员的影响比较明显。耳光室的形态一般是两种，嵌入侧墙或者凸出侧墙。不同的处理方法使观众厅的视觉感受有不同的效果。图4-3-5、图4-3-6的这两个案例中，对耳光室的处理方法都是利用两道耳光形成形体的错动，为早期反射声提供良好的反射面的同时，也是对侧墙形态的丰富，以及对有视觉动力的观众厅空间形态的营造。

 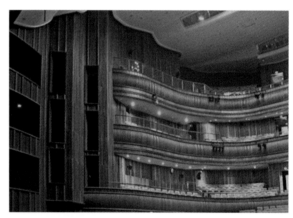

图4-3-5 青海大剧院耳光室照片　　　　　图4-3-6 黄河口大剧院耳光室照片

耳光室作为光线设计的重要元素，是从前侧交叉投射表演区以增强场景和人物立体效果的照明光位。耳光室一般位于观众厅左右两个侧墙靠近台口的位置，也称台口外侧光、台口前侧光。耳光室应分层设置，最下层应高于舞台面2.5m。每层净高应大于2.1m，射光口与层高同高（图4-3-7）。

2. 位置

表演区通常需要设置1~3道耳光，内墙为深色不反光。耳光室一般为三层，

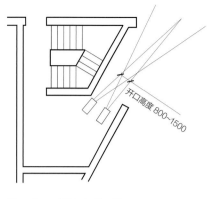

图 4-3-7　耳光室平面图

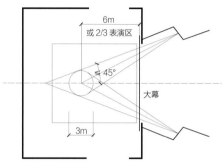

图 4-3-8　耳光室位置示意图

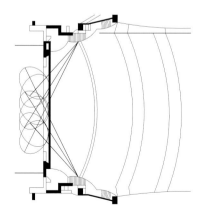

图 4-3-9　耳光光束示意图

为投射不同的区域以弥补侧光的不足，加强表演区中前部位人物、布景、道具的立体感。通过耳光与正面光的组合，可创造出不同的布光方法。耳光是前斜上方投射，第一道耳光室的位置应使灯具光轴经台口边缘射向表演区的水平投影，与舞台中心轴线的水平夹角不大于 45°，并使观众能看到台口侧边框，不影响台口扬声器传声。耳光的覆盖范围应该能横向覆盖舞台，并兼顾纵深照明。两道耳光可服务于不同区域，并有合理的交叉衔接（图 4-3-8）。

3. 作用

为使舞台面水平控制范围在同一标高的灯照射均匀，耳光室采用交叉布光方式，靠近观众方向的灯投近处，靠侧墙方向的灯投远处，同一标高的上、中、下基本光采取高投远、低投近的布灯方案，可获取较大的投光范围。

耳光的光位距离应设在乐池与台唇之外，这样耳光所投射的光斑的切线不会受到两侧墙的阻碍，近处可投射乐池位，远处可把光斑布在舞台表演区的前 2/3 的深部。如图 4-3-9 所示，耳光受光效果立体感强，视觉印象有生气，同时位置高的灯具通常投射浅色光（如白、黄、浅蓝、浅粉色等），可使光效更为集中，位置低的灯具投射深色光（如蓝、红、绿色等），可使灯光色彩和亮度被更充分地利用。灯具可选择平凸聚光灯，长焦距、中焦距成像灯，尽量防止杂散光照亮舞台台口镜框及侧墙。

4. 开口尺寸

耳光室开口尺寸与剧场使用功能、台口尺寸、灯具数量及特点等因素密切相关。如表 4-3-1 所示。

表 4-3-1　耳光室开口尺寸影响因素

开口尺寸影响因素	关系
剧场使用功能因素	演出传统歌舞剧，耳光室开口尺寸较小；演出现代歌舞剧，耳光室开口尺寸较大；现代综艺演出，耳光室开口尺寸最大；规范规定不小于1.2m
使用灯具特点	亮度高、调整范围大、体积相对小的灯具，耳光室开口尺寸可较小；反之，应较大
台口尺寸因素	台口尺寸较小（主要是宽度），耳光室开口尺寸可较小；反之，应较大；例如，台口宽度按18 m计算，中程灯具可选用光斑尺寸4~6 m的灯具，7台这样的灯具可横向铺满台口；考虑纵深照明、交叉照明、换色、备份、特殊灯具等因素，两边要用42~70台灯，按每台灯占用面积0.4~0.6m² 计算，两侧耳光室出光口总面积最小16.8m²；与面光桥的设计一样，当耳光不能保证常规做法时，用部分明挂或全部明挂方式实现

5. 包厢和侧挑台设计要求

对于设有包厢和侧挑台的观众厅，这二者是侧墙面重要的形态构成要素。包厢和侧挑台的存在对观众厅的声反射有一定的影响。侧墙占据了观众厅垂直方向一半的界面，对观众厅空间形态的影响显著，而侧墙形态最主要的形成要素就是包厢和侧挑台。通常情况下，对于初入观众厅的人来说，楼座的形式基本是其最初期的心理感知要素。

从包厢的出现开始，到多层楼座形式的出现，挑台对观众厅形态和空间层次的影响也在逐渐增大。在19世纪就产生了跌落式侧挑台的设计方法，如德国的科隆剧院里，雪橇形的侧挑台给观众厅带来活力。后墙正对舞台的挑台的动力趋势是远离舞台，而侧挑台的动力趋势基本上是悬浮于空间，趋近于舞台。这使得侧挑台和包厢可以为观众提供一种与众不同的观戏感受（图4-3-10、图4-3-11）。不同于池座靠近舞台的部分，也不同于楼座上视觉最远处的位置，侧挑台实际上是在垂直维度上和舞台关系最为密切的部分。

在当代的剧场设计中，侧挑台和包厢的形式仍然是观众厅空间设计中最为重要的因素之一，也是在专业性和规范性的剧场设计要求之外，可以创造独特的观众厅空间的一个设计要素。在我国近期建设的剧场中，不乏在侧挑

图4-3-10 斯卡拉歌剧院后
墙实景照片

图4-3-11 拜罗伊特节日剧
院侧墙照片

台和包厢设计中独创风格的设计作品。比如扎哈的广州歌剧院，其侧挑台和包厢与外部形态设计共同使用流线型形态，多个不规则的流线型包厢共同组成观众厅的侧墙要素，具有强大的视觉动力（图4-3-12）。无锡大剧院也是采用流线型要素，结合建筑总体形态设计流线型的包厢（图4-3-13）。深圳大剧院的侧挑台连接了池楼座，在当时是创新而大胆的想法，对观众厅内动力场的影响力量是巨大的。

图 4-3-12　广州歌剧院观众厅侧墙照片（广州歌剧院室内侧墙采取与主形体一致的曲线线条，形成富有动感的侧墙包厢形式）　　图 4-3-13　无锡大剧院内景照片（侧墙采用 U 形，运用建筑整体的编织和曲线元素，形成两侧富有动力的侧包厢）

4.3.3 —————— 观众厅后墙层面

观众厅后墙层面由于与池座、楼座的不同形态关系，在结合整体室内环境的同时，应充分考虑其后墙面设计的吸声、反射声的不同处理方式。同时，亦要关注相关技术功能实现的条件，以保证演出的效果和观演的舒适度。

1. 追光

运用追光灯去体现和达到某些艺术效果，常常用于舞剧的演出中。追光灯能很好地突出主要角色，塑造不同类型的人物形象，表现戏剧情节和人物感情的变化，并能营造舞台气氛。追光主要在舞台全场黑暗的情况下用光柱突出演员或其他特殊效果，或对演员进行补光。追光灯可以变换各种不同的颜色，打出不同的图案，形成富有戏剧性的演出场景。追光通常设在池座后区及第三道面光内，其设计根据不同级别的剧场有相应的设计规定及要求。

2. 位置

追光的理想位置可包含观众席后区屋顶，可以称作三面光，但至少要有左、右两个位置。在耳光室上层位置，一面光、二面光位置，假台口灯光渡桥，舞台两侧一层马道，后灯光渡桥等位置都有可能成为追光位置。三面光（追光室）要求能覆盖整个舞台，即追光投射在舞台上，后可以达到天幕，前可以覆盖前几排观众席。

3. 追光设计要求

剧场追光设计要求见表4-3-2。

表4-3-2　剧场追光设计要求

剧场等级	设计要求
甲级剧场	应设置追光室，在楼座观众厅的后部，左右各一个或者中间一个；追光与舞台灯光配合，根据不同的剧种和艺术风格，创造立体、多变、快速、灵活的照明条件；追光室内应设置机械排风
乙、丙级剧场	当不设追光室时，可在楼座观众厅后部或者其他合适的位置预留追光电源，控制接口和灯具操作空间

4. 放映室设计

放映室一般位于观众厅池座后区中间，主要用作放映机的存放和使用。在设计观众厅放映室时，应根据放映机的俯角确定放映室的高度，以达到放映机与荧幕最好的放映角度。放映角度是指放映光轴与银幕面中垂线形成的夹角，有垂直与水平两个方向上的放映角度。当银幕面垂直于地平面时，放映机的俯角或仰角就是垂直方向上的放映角度。当银幕面与地平面不相垂直时，放映机的俯角或仰角就不等于放映角度了。

观众厅作为剧场的核心空间，带给观演者对建筑最直接的感受。人对空间的认知建立在对维度的实体感受之上，基面、界面以及两个维度相互交织所形成的多个层次构建出观众厅的空间形态。观众厅空间除了满足美感上的要求，需要考虑传统意义上的空间体量、形状、色彩与肌理，还要兼顾视线和声学等方面的需求，进行座位、灯光、音响等设计。剧场观众厅空间形态设计体现了建筑艺术与技术的结合，观众厅是营造"视美"与"听悦"感官体验的最重要空间。

听觉的体验

第 5 章 ——

凡音者，生人心者也。

情动于中，故形于声。

声成文，谓之者。

——《乐记》

自然界不光有色彩缤纷的万千气象，更有着美妙的声场环境。琳琅满目的视觉世界的背后，声音是有特点的。自然界存在大量节奏明确、音程各异的声音，人类出于天性模仿自然界中的音调感和节奏感，在这一过程中慢慢发现音律的内在规律，并以特定的术语来表达某种情感思想，逐渐形成了音乐。音乐英文 music 与 museum 共同起源于 muse（缪斯），缪斯是古希腊神话中司掌艺术与科学的九位古老文艺女神的总称，因此，音乐"血统"之高贵、地位之尊崇，远非其他艺术所能媲美。除了音乐以外，没有任何艺术形式是以"司艺之神"的名义命名的。

　　在这个视觉主导的图像时代，声音是空间中比较隐性的因素，听觉也不像视觉那样容易感受。听觉是观演建筑中很重要又很容易被忽视的部分，一个优秀的空间，的确会与声音有关。剧场、音乐厅中，声音作为一个技术性问题被放到重要的位置，观众可以在观众厅的空间中感受声音的回响。

　　当下的演出活动早已不局限于传统的戏剧、歌剧，各种表演艺术形式层出不穷，剧场建筑的规模也不断创新和扩大，建筑师与声学家开始共同探索适合于各种演出需要的综合剧场空间形式。剧场已经不仅是表演场地，而且延伸为具有各种感官体验的艺术环境。

5.1 ——— 听觉的感知潜力

1 格奥尔格·威廉·弗里德里希·黑格尔（Georg Wilhelm Friedrich Hegel, 1770-1831）德国哲学家，是德国 19 世纪唯心论哲学的代表人物之一，代表作有《精神现象学》《逻辑学》《美学》。

黑格尔（G. W. F. Hegel）[1] 在《美学》一书中曾宣称："艺术的感性事物只涉及视听两个认识性的感觉，至于嗅觉、味觉、触觉则与艺术欣赏无关。"虽然黑格尔的古典主义美学观念略为偏颇，但是可以看出人的视觉和听觉两种感觉对知觉系统有着重大的影响，尤其是在剧场观众厅这种视觉和听觉同时感知的空间场所，视觉因素和声学因素二者的配合和影响，对观众厅的空间环境品质和使用者的知觉感受起着决定性的作用。

2 原文出自《荀子·乐论》，译为：乐，即是快乐的情感的抒发，是人情所不可避免的天生的情感的表露，所以人不能没有乐。

3 出自《乐记·乐本》。《乐记》是最早的一部具有比较完整体系的音乐理论著作，它总结了先秦时期儒家的音乐美学思想，创作于西汉，作者为刘德及门人，是西汉成帝时戴圣所辑《礼记》第十九篇的篇名。

中国早在先秦时期，"乐"便从原始巫术歌舞中解放出来，被重新作出一系列实践理性的规定和解释。荀子对礼乐有如下论述："夫乐者，乐也，人情之所必不免也。故人不能无乐……"[2]；《乐记》中记载："凡音者，生人心者也。情动于中，故形于声。声成文谓之音。是故治世之音安，以乐其政和。乱世之音怨，以怒其政乖。亡国之音哀，以思其民困。声音之道，与政通矣。"[3]《乐记》一书是中国古代最早研究音乐的美学文献，其强调情感之间相互陶冶和感染与现实社会生活和政治状态紧密关联。《乐记》所总结提出的不只是音乐理论，而且是以音乐为代表的关于整个艺术领域的美学思想。音乐与各种官能和情感紧密相连，艺术的审美不同于礼制制度等外在规范，具有其内在的情感特性。

5.1.1 ——— 振动与声、音

声音源于物体的振动，又称振源。就一般情况而言，物体振动需要通过一定的介质才能传播，它在介质中的存在称为"波"。就音乐而言，空气便是最常见的介质。当声波被人体的听觉系统接收和分析之后，转换为生物电信号并刺激大脑中控制声音的相应部分，人们才会有"声音"的感觉。

中国文字中最早的甲骨文"声"字，其字形犹如一只耳朵在听编磬的演奏，繁体字"聲"的字体也留有一只"耳朵"，表明在远古先民的意识中，已经有了"声"通过耳朵传送至人的大脑才得以被听见这样的概念。甲骨文中的

图 5-1-1 "声""言"的甲骨文

"音"的字形像说话的舌头，先作"言"讲，后演化为音（图5-1-1）。

人对声音的区分主要依据声音的三个基本要素：音调高低、声音大小和音色。声音的频率形成了不同音调的高低，频率越高，音调就越高；声音的大小与声音的频率和声压级有关，用响度表示；音色反映声音复合状态下的一种特性，主要由复合声中各种频率成分及其强度，即频谱决定。人耳可听闻的范围在频率、响度等方面均有一定的上限、下限：正常人耳可以听到的声音频率范围是 20~20000Hz。

5.1.2 ——— 传播与接收

声音是人类听觉系统对一定频率范围内振波的感受，也是人耳所感觉到的"弹性"介质的振动，是压力迅速而微小的起伏变化。人耳是声波最终的接收者，声波传达到外耳后，经过感受到振动由听小骨放大，并通过内耳中的液体传递到神经末梢，最终传至大脑皮层，产生声音的感觉。声音传播的过程包含着振源、介质和听觉系统三个方面的因素，其中任何一个因素发生变化都会对声音的感觉产生直接影响。

人类的听觉系统是我们得以接收外界声音的重要器官。人体在听觉器官内耳骨迷路内，生长有能够传导并感受声波的结构——耳蜗，因此具有了感受声音的能力（图5-1-2、图5-1-3）。刚出生的婴儿不仅对声音有反应，对音乐也有敏锐的反应。然而自从留声机发明之后，人耳越来越少地直接从自然中获取声音，更多的是通过人工媒介，比如音响、耳机等设备间接获得，对声音感受的程度发生了很大的变化。

"唤醒耳朵"的最好方式仍然是自然，是现场，是与耳朵直接关联的声音的传达。正是因为听觉与我们的身体感受相关，建筑师需要在建筑中重新寻找声音的价值，让好的声音的传播给观众带来特殊的体验。

5.1.3 ——— 悦耳与悦心

《乐记》中曾说道："凡音之起，由人心生，人心之动，物使之然，感

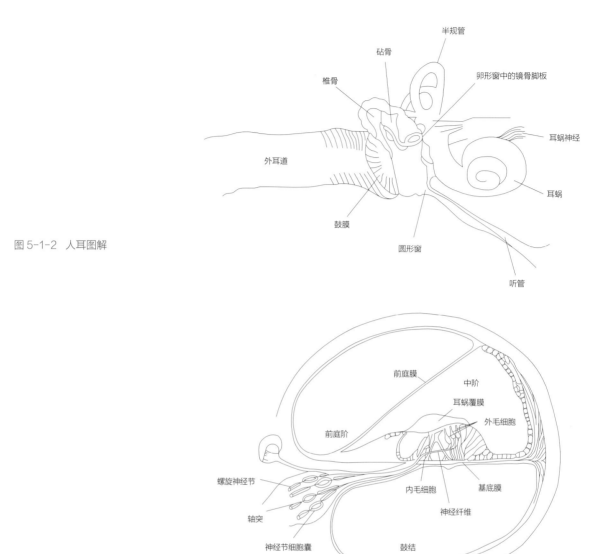

图 5-1-2　人耳图解

图 5-1-3　耳蜗剖面图（可看到充满液体的
耳道和支撑毛细胞的基底膜）

于物而动，故形于声，声相应，故生变，变成方，谓之音。"声音传播从物
动—心动—声动的过程，不仅是诉诸人耳的艺术，也是诉诸人心的艺术。

　　美妙的声音是人类永恒的追求。音乐中的声音是关于隐形之物的语言，
它使不存在的东西被赋予了形式，而可以被人所感知。好的声音具有很高的

可听性，可以召唤听众 "入乎其中"。在不同的旋律、节奏、和声、音色、肢体等维度构建起来的"时空场域"中，人类感受着音乐中声音的变化、对比、谐美、统一，并从中获得无须理性介入便可体验到的愉悦和满足，从而发现与自然、社会、文化包括人本身诸多元素相对的生动感应。将音乐与人心指向的主体世界和事物指向的客体世界关联起来。"音乐诉诸人耳，则音乐可听，音乐诉诸人心，则音乐可思。"[1]

在西方教堂和修道院中，带给人更强烈感受的空间往往与声音有关，多宏内修道院（The Thoronet Abbey，建于 12 世纪末，法国普罗旺斯）[2] 当被发现其空间内的某一点发出轻微的声音就会带来整个空间的奇妙共鸣之后，就在此举办一些特殊的音乐会，比如在那个点上拉小提琴，而人可以在建筑中任意地方清晰地听到（图5-1-4）。东方人更注重意境的营造，通过声音塑造达到情与景的统一。在中国古典园林设计中，造园者通过视觉与声音的结合，营造出具有丰富感官体验的场景。如苏州园林中经典造景"雨打芭蕉"，是古人通过生活经验设计出来，通过听觉、声韵去感受自然、营造意境的一

1 卡洛斯·查韦斯.音乐中的思想 [M].冯欣欣，译.重庆：西南师范大学出版社，2015.

2 多宏内修道院大约建于 1176~1200 年。它位于法国东南部普罗旺斯瓦尔省的德拉吉尼昂和布里尼奥勒两镇之间。它是普罗旺斯的三个熙笃会修道院之一，与塞南克修道院和西瓦冈修道院一起被称为"普罗旺斯三姐妹"。目前已修复作为博物馆。

图 5-1-4 法国多宏内修道院内景照片

种方式。建于 15 世纪的中国天坛的设计者有意识地利用回声建造了回音壁、三音石和圜丘。高 6m、半径 32.5m 的回音壁有着施工极其精确的圆形围墙，发出的声音在墙上不断被反射，传播途径形成圆的内接多边形。由于墙壁用灰砂粉刷坚硬，反射声能损失很少，经过多次反射，即使身处 100m 外，仍然能够听到声源美妙的声音（图 5-1-5）。一个场所因声音效果而自发地成为听众乐于驻留的空间，说明听觉的体验会带来内心的喜悦。

音乐作为一种"以音乐术语来讲述某种音乐思想"的特殊语言，起源于人类的"自我表达"和"彼此交流"的欲望。音乐通过不同分句的"呼吸"，呈现出不同的动态细节；乐曲素材通过音响质地的形象表达而具有了内在的性格。中国古代音乐以"金、石、土、革、丝、木、匏、竹"等制作材料来划分乐器的种类，正是偏爱音色的体现。"音符"是音乐的基本要素，又称"乐音"。无论乐音是怎样起源的，乐音的发现是人类征服自己曾经对其无能为力的噪声环境的第一个胜利。当人们尝试奏出一系列或高或低的乐音时，声音成了音乐。如今，人类与音乐已经再难分开。

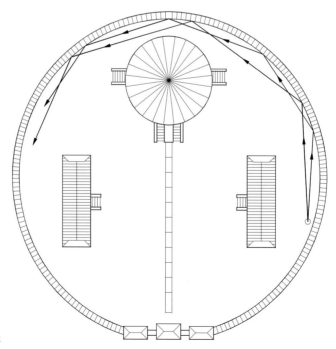

图 5-1-5　天坛回音壁声线分析

5.2 —— 音的质量与评价

"音"是无形之物，它构成了声音的主体。音的表达往往以一种交流的方式展现自身，它存在着演员与观众两个交互的主体，是观演环境中重要的体验之一。演出中两者的交流与沟通、主客体相互感应的过程，有时是即时的，有时又是滞后的，甚至是跨越时空的。

音质是建筑环境的一个重要组成部分，包括人们的居住环境，也有其特定的音质，观演建筑因其观演方式及效果的特殊性，有着更高的音质要求。观众厅室内音质评价指标和标准，是音质研究的活跃领域。音质设计是整个建筑设计的一部分，一个音质良好的大厅其音质设计的内容绝不是待主体结构建成后再在室内做一下装修即可，而是在建筑设计一开始就有音质方面的考虑，是诸方设计的结晶。

5.2.1 —— 音的质量

据文献考证，古埃及人认为是托斯神（Toth）赐予了人类七声，毕达哥拉斯和柏拉图等哲学家认为音乐是宇宙和谐的根本所在，这些思想对今天的音乐依然是通用的睿智的启示。古代中国哲学相信，天地由一种神圣的秩序统辖，并将音乐视为人与这一秩序沟通的媒介。

早期人们通过音乐进行交流和传播的方式比较有限，主要是口耳相传，因此并未广泛传播。在 5 世纪前后，西洋音乐随着基督教的传播，作为教会音乐发展起来。久而久之，音乐渗透到普通人的日常生活中，诞生了婚礼音乐和葬礼音乐，戏剧音乐及聚会舞曲、民谣等音乐类型，由此，音乐和人们的社会活动紧密地结合在一起。

希腊人除了奠定了西方思想、艺术和文学的基石，还创造了深刻的音乐理论。柏拉图在《理想国》中阐述了"天体音乐"（the music of the spheres）的概念。这一概念延续了很多世纪。他描写的天堂分为八个圈层，每一层上都有一个迷人的女歌妖（塞壬），各自唱着一个极其甜美的乐音。

她们的歌声代表了宇宙中永恒的秩序，又称为"阿尔梅尼亚"（armonia）。这个希腊语单词后来演变为英文中的 harmony，即和谐，代表着音乐和宇宙结构之间的联系。很多宗教都宣称人可以通过音乐和神祇结合。研究表明，普遍的音乐趣味和音乐审美方式自海顿时代以来已经历了巨大的扩展，并得益于一系列规则、原则的发展和建立，音乐逐步成为一门艺术。

人们在不同的观演建筑中观看演出时，听音效果会受到观众厅声学条件的影响。描述和评判音质的各种差别：丰满、活跃、干涩、沉寂、空间感、环绕感等词汇往往成为对"音"的主观感受的评价指标。同时，一些与音质相关的客观物理指标也是评价"好声音"的关键。建筑声学专家白瑞纳克于1962 年提出使用 18 种术语对音乐厅的声音效果进行评价，以下是较为重要的 10 种：亲近感、生动感、温暖感、直达声强度、混响声强度、清晰度、均匀度、平衡感、利于合奏、低噪声。

声学指标达标并不代表声音质量达标，然而声音质量达标与否又牵扯到主观认证，无法有客观的评价标准，但是在世界各地大型的剧院建筑中，仍然会采用主观评测的方式来作为最后的评价基准。

5.2.2 ——— 音质主观评价

音质主观评价可分为对语言声和音乐声两类，对语言声有响度、清晰度和可懂度等要求，对音乐声除清晰度和响度外，还有丰满度、平衡感、空间感、层次感等方面的要求。在演出中，二者往往同时出现，在满足不同的技术要求的同时，还应该兼顾剧目的特质，有所侧重。

响度和清晰度对语言声是非常重要的指标。清晰度是指对无字义联系的发音内容，通过房间的传输，能被听者听清的百分数。其主观评价测试多采用 20 个不同韵母的汉字组成发音字表，让口齿清楚、发音较准的人念，并由听众在相应的判别字表上根据听音结果选择打钩。除清晰度的要求外，对语言声还要求有适当的响度。

对音乐声而言，其清晰度不仅指相继音符的分离与可辨析的程度，还包括同时演奏的音符的透明度与可辨析程度。同时，音乐的丰满度也是非常重要的指标。丰满度是指音乐在室内演奏时，由于室内各界面的反射对直达声所起的增强和烘托作用而获得的音质比无反射声环境中的直达声音质的提高程度。相比干涩的直达声，在反射声丰富的空间中声音显得饱满有力。

总之，良好的主观音质感受需要在清晰度和丰满度之间有适当的平衡，除此之外，还要具有合适的响度、良好的音色及一定的空间感，同时还要无噪声干扰及其他音质缺陷。

5.2.3 ——— 音质客观评价

音质的客观评价指的是用可以测量并能够加以计算的物理指标来评价厅堂音质，有助于弥补主观评价的模糊性和离散性，并使厅堂音质设计达到定量化、科学化的程度。

将上述主观音质感受用可测量的物理指标表示，形成了音质的客观评价指标。其中，混响时间 RT 是与音质评价有关的重要物理指标。混响时间是指在室内声音已达稳定状态后，中断或停止声源的发声，平均声能密度自原始值衰变到其百万分之一所需要的时间，即声源停止发声后衰减 60dB 所需要的时间。混响时间与丰满度、活跃度及清晰度等主观音质感受有关，混响时间长则丰满度增加而清晰度下降。对于音乐声，其横向清晰度取决于混响时间的长短及早期声能与混响声能之比。当 RT 较短而早期声能与混响声能比较大时，无论演奏速度快慢与否，都能达到清晰的效果；而当 RT 较长时，演奏速度较快则音的起奏和自然衰变将因淹没在混响声中而模糊不清。此外，音乐声的纵向清晰度也与早期声能与混响声能比相关。对于语言声，其听闻的清晰度要求是首要的，因此需要较短的混响时间，以保证语言声的清晰可懂。

与主观响度感受相关的声学指标是声压级。具有一定的声压级能使语言和音乐听起来清晰洪亮。在背景噪声级较低的前提下，对语言声的声压级要求较低，一般为 50 ~ 65dB；对音乐声的声压级要求较高，一般为 75 ~ 96dB。此外声压级还影响清晰度、亲切感与空间感。

侧向能量因子与双耳互相关系数则被声学家发现与良好的音质空间感有关。侧向能量因子 LEF 的定义为早期侧向声能与早期总声能之比。双耳互相关系数 IACC 的定义式较为复杂，它是空间中到达双耳的声信号的差别的度量，表明到达双耳的声音的不相似性，不相似性越大，则 IACC 值越低。通常情况下，LEF 越大，或 IACC 值越低，声音的空间感越强。

以上仅列举几个重要的有关音质评价的客观物理指标，各项声学指标都是为了能以客观量化的方式来描述剧院或厅堂的声学特性，本质上是以其数学模型来验证主观对各剧院厅堂的评价，并借以归纳出理想的客观声学指标。各项声学指标针对的是声音的不同特性，在不同的演出形态，演出内容都会有不同的理想值。很多指标在不同演出形态下会相互矛盾与冲突，比如其中混响时间的特性及现象就非常复杂，远非单一数字能描述其本质。除了国家规范通常采用的声学指标外，在具体设计与实际应用中，常常还有多项其他指标，这是为了解决目前设计指标无法满足实际情况的问题。由于这些指标仍未得到多数人的认可，仅在具体案例中实践，其理论成功尚待进一步论证。

音质主客观评价参量之间的关系并非一一对应的简单关系，而是一种多元映射的复杂关系。20 世纪以来，声学家们对此作出了许多努力，也取得了若干重要成果。但是影响音质的许多因素及主客观参量的相互关系至今仍不十分清楚，这仍是一个跨世纪的研究课题。

5.3 —— 观众厅空间声环境

剧场设计是建筑师和声学设计师在复杂的空间关系中寻找最佳观演效果、视听效果的实践领域。建筑师总是希望创造一个既有难以忘怀的视觉环境，又有能满足听众心理的声学品质，并且又符合声学基本原理的厅堂。因此在营造良好的室内外空间形态的同时，关注室外的戏剧性效果如何有效地延展到内部，形成一种氛围，创造一种艺术意境的可能性。

同时，建筑观演空间类似一个容器，良好的建筑声学能够放大并美化声音。保证厅堂的声学效果对观演空间设计的重要性。满足高标准设计质量要求，多专业技术配合、磨合及经验的积累是设计剧场需要着重关注的两件事。

5.3.1 —————— 声学理论发展

1　朗汉斯（Carl Ferdinand Langhans，1781–1869），德国建筑师。

在剧场建筑声学的发展历程中，朗汉斯（Carl Ferdinand Langhans）[1]于19世纪便在著作中提出了其总结的声学设计理论，但是对当时剧场建筑设计并未产生影响。朗汉斯的声学见解包括明确指出为音乐演出与为话剧演出的厅堂在声学设计上是根本不同的，他预见到的许多问题直到20世纪才由赛宾（W. C. Sabine）[2]做出科学的解释。

2　赛宾（W. C. Sabine，1868–1919），美国物理学家，提出赛宾公式（混响时间公式），奠定近代建筑声学的基础。

尽管19世纪世界各地建造了以维也纳音乐厅为代表的多个厅堂建筑，音质也非常出色，但是这些音乐厅的设计与建造主要依靠的是建筑师的经验和直觉判断，并未经过科学计算。这种情况直到有了混响时间——这一厅堂音质的评价标准以后才得以改变。赛宾于1898年提出了混响时间（reverberation time）的概念，他认为混响时间取决于厅堂空间的大小和其中吸声材料的面积，并且提出了第一个以厅堂的物理性质作定量化计算的公式——混响时间公式，从而奠定了近代室内声学的基础，发展完善了观众厅的专业化设计。波士顿交响音乐厅是第一个建造前就进行声学设计的音乐厅，从此混响时间成为剧场建筑的基本技术数据，用于考查厅堂的声学品质。

赛宾把声音看作一种能量流，引入"混响时间"的概念以产生洪亮和丰富的音色。与其不同的理论则认为应更加注重声音的清晰度和准确性，以射线的路径扩散。因此出现了两种原理截然相反但并行发展的理论——"无反射声"音乐厅理论和"定向声"音乐厅理论。依据"无反射声"理论设计的厅堂对放映电影是非常理想的，却不适宜于音乐的演出；纯粹的定向声厅堂往往混响不足，但却比无反射声厅堂中由优质扬声器发出的声音要好得多，更具有吸引人的生动的"高保真"品质因而得到进一步发展。

1　白瑞纳克（Leo L.
Beranek，1914-2016）
美国著名声学家，是世界公
认的在声学和音质领域中的
权威。

2　哈罗德·马歇尔（Harold
Marshall），新西兰声学家、
建筑师、工程师。1994年获
得全球建筑声学设计领域最
高奖"赛宾奖"。

白瑞纳克（Leo L. Beranek）[1]《音乐、声学和建筑》（*Music, Acoustics and Architecture*，1962）列出音乐厅应具有的18项重要的主观特征，不同于以往厅堂音质评价标准单一而线性的客观尺度，白纳瑞克在书中阐述了应当考虑人的主观尺度的观点，认为这两种尺度的结合构成了一个多维的现代音乐厅音质标准。《音乐厅和歌剧院》（*Concert Halls and Opera House*，2001中译本）列举世界各地76个著名大厅，不仅资料详尽，还包括音乐界的种种评语，以及作者的实地调查和对世界音乐界著名人士的访问，并将作者本人对这些大厅的亲自体验和观感作了淋漓尽致的描述。

声学家马歇尔（Harold Marshall）[2]在1967年首先将人的双耳收听原理同音乐厅的声学原理结合起来，认为厅堂绝佳音质主要归因于听众接收到强大的早期反射声能，其中侧向反射声比来自头顶上的反射声更为重要，因为它提供给听众更强的三维空间的感受。从此"侧向反射因子"成为衡量音质的另一个重要指标。由马歇尔首次采用"侧向反射理论"设计的音乐厅是新西兰基督教城市政厅。

霍克斯（R. J. Hawkes）和道格拉斯（H. Douglas）在1971年提出了5个独立的尺度，即清晰度、混响度、环绕感、亲切感和响度，来评价主观音质特性。20世纪80年代以后，很多研究成果证明，被描述为环绕感、温暖感、响度、亲切感的这些明确的主观声场特性都随着声音侧向化的增高而提高，为马歇尔的理论提供了更强有力的证据，因此声音侧向化理论已被广泛接受和运用于音乐厅和剧场设计的实践。

应该看到虽然声学理论伴随着观演建筑不断实践的检验而得到深入的研究，并取得了非常大的成就，但是至今尚存诸多的问题与迷思，有待人们进一步研究与总结。

5.3.2 ——— 混响时间控制

声源在室内发声后，由于反射和吸收的作用，使室内声场有一个逐渐增长的过程。当声源停止发声以后，声音不会立刻消失，而是要经历一个逐渐衰变的过程，即混响过程。不同的声学专家研究认为混响时间并不是影响室内音质的唯一元素，连同人耳听到的实际感受等多方面因素的影响及不同人的客观评价，形成了一个音场质量评价的标准。但是混响时间对音质的重要影响还是普遍肯定的，混响设计仍然是剧场观众厅设计的一项重要内容。

不同用途的空间应具有不同的最佳混响时间值（表5-3-1）。丰满度要求较高的空间（如音乐厅）应具有较长的混响时间，使得声音听起来饱满、浑厚而有力。清晰度要求较高的空间（如话剧演出空间）的混响时间则应短一些，以保证语言的清晰可懂。

表 5-3-1 混响时间与不同演出形态的关系

演出形态	RT@500~1000Hz
通俗音乐	1.0~1.3
演讲	1.0~1.2
戏曲，音乐剧演出	1.0~1.5
戏曲及巴洛克音乐	1.2~1.5
歌剧	1.3~1.6
巴洛克交响乐	1.3~1.6
古典交响乐	1.6~1.8
浪漫乐派交响乐	1.7~2.0
管风琴或大合唱	2.0~2.3

注：RT指混响时间，RT@500~1000Hz指频率在500~1000Hz时的混响时间。

赛宾建立起混响时间与空间容积和室内总吸声量的定量关系，即混响时间等于空间容积 V 与总吸声量 A 之比。因此，控制大厅容积和观众人数之间的比例，也就在一定程度上控制了混响时间。在总吸声量中，观众和座椅的吸声量所占的比例很大，在一般剧场中可占总吸声量的2/3（在国外观演建筑观众厅中，往往占75%左右）。在实际工程中，常使用每座容积这一指标。若每座容积取值适当，就可以在尽可能少用吸声材料的情况下得到合适的混响时间，从而降低建筑造价。国内《剧场建筑设计规范》

（JGJ 57—2016）中规定的观众厅混响时间如表 5-3-2 所示，而国际上众多一流观众厅、音乐厅的混响时间一般能够达到 1.8 秒左右（表 5-3-3）。

表 5-3-2　不同容积（V）观众厅在频率 500 ～ 1000Hz 时合适的满场混响时间（T）范围

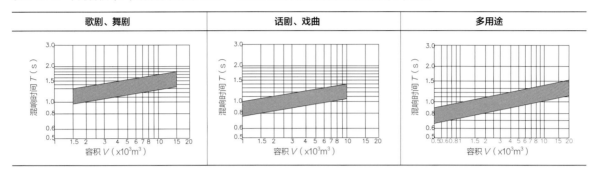

表 5-3-3　国内外近现代观众厅的混响时间表

名称	地点	每座容积（m³/ 座）	混响时间（秒）
拉斯卡拉歌剧院	意大利，米兰	4.9	1.25
维也纳国家歌剧院	奥地利，维也纳	6.2	1.4
慕尼黑国家歌剧院	德国，慕尼黑	5.7	1.8
拜罗伊特节日歌剧院	德国，拜罗伊特	5.7	1.55
大都会歌剧院	美国，纽约	6.5	1.7
科隆歌剧院	阿根廷，布宜诺斯艾利斯	8.3	1.8
悉尼歌剧院	澳大利亚，悉尼	9.2	2.2
都灵歌剧院	意大利，都灵	7.1	1.3
法国巴士底歌剧院	法国，巴黎	7.8	1.55
国家大剧院歌剧院	中国，北京	7.8	1.5
保利剧院	中国，北京	7.6	1.4
新清华学堂大剧场	中国，北京	7.5	1.6
总后礼堂大剧场	中国，北京	8.9	1.7
莆仙大剧院	中国，福建	6.8	1.5
汤显祖大剧院	中国，江西	7.8	1.3

波士顿交响音乐厅（Boston Symphony Hall，1900 年建成，美国波士顿），世界上第一座在建造前就进行声学设计的音乐厅。波士顿交响音乐厅以当时

欧洲音响效果最好的音乐厅——莱比锡音乐厅的内部体形为蓝本建造，观众容量增加了70%，达到了2625座，满场中频混响时间达到了1.9秒，是世界三大音质达到"A+"顶级音质的音乐厅之一，使得赛宾的混响理论得到了有利的证实（图5-3-1~图5-3-3）。

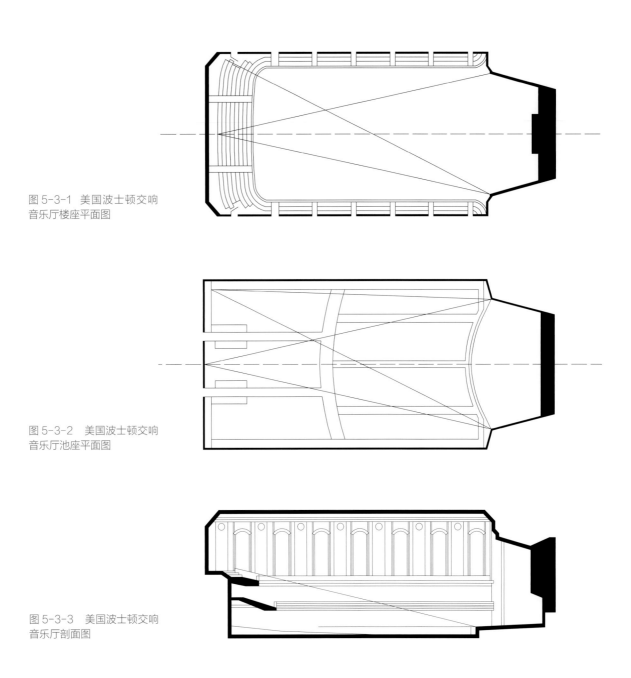

图 5-3-1　美国波士顿交响音乐厅楼座平面图

图 5-3-2　美国波士顿交响音乐厅池座平面图

图 5-3-3　美国波士顿交响音乐厅剖面图

观众厅应根据不同的演出需求设计必要的装置达到对可变混响时间的控制，可变混响是近年观众厅声学的设计趋势。根据混响时间公式的原理，不难看出混响时间与容积成正比，与吸声量成反比。因此有两种方式实现混响可变，一是改变观众厅容积，二是改变吸声量。对应不同演出需求的可变混响时间有多种设计方式，如设置反声罩或可调整反声板及吸声反声板，设置混响室，设置电声式可调混响系统，还可通过观众厅容积的变化达到混响时间的可变。

香港演艺学院音乐厅利用墙面翻板形成可变混响；英国伯明翰交响音乐厅顶部巨大的反射板可以上下升降，混响时间可在1.8~2.1秒范围调节；美国达拉斯音乐厅的顶部有74个可开关的混响室，可改变容积，混响时间在2.0~2.5秒范围可调；英国爱丁堡国际会议中心后部两侧座椅区域可以转动收起，通过改变座位数和容积改变混响时间。

5.3.3 ———— 音质设计

科学家竭力通过声音传播及聆赏的数学模型，寻求以数学客观量化的方式来描述建筑声学的特性。虽然目前的科学研究在声学领域仍有不足，无论是电脑模型模拟或实体模型模拟，均无法体现实际完成后的声音质量，但是经过多年来全世界的科学家的共同努力，采用各个国家及地区政府认可的客观声学指标进行设计，可规避多数严重的声学设计疏漏，是声学设计的重要手段与依据。

混响时间等声学指标是建筑声学设计的第一个目标，但不是最终目标。声学指标的研究使用有其必要性，也是历来无数科学家埋首研究的目标，因此以声学指标作为设计阶段的目标来保证声音质量，同时作为设计目标及验证标准确实有其必要性。但是声学指标达标不代表声音质量达标，因此不能以声学设计指标达标为最终目标，应以追求理想的声音质量为目标。

剧场音乐厅音质取决于听众接收直达声的强弱，反射声的强度、时间分布及空间分布。良好的音质要求直达声足够强，直达声后很快就有早期反射声到达，其中有较多侧向反射声，反射声时间间隔适当，后期反射声连绵不断到达。

不同的装饰材料尤其是新型材料，在声学指标上接近或相同时，其声音特质及效果是否相同，声音质量是否理想，也是值得深入研究的课题。人们无法完全地仿制出斯特拉迪瓦里提琴、瓜奈里提琴、阿玛蒂克雷莫纳小提琴等音质出色的名琴，证明即使类似的材料其音质也不尽相同。

音质设计的主要任务是通过建筑手段对观众厅内反射声有效组织，使得演员获得想要的声音。声学设计的内容包罗万象，广义的剧院设计及剧院声学也极具多样化，尤其是许多近代的建筑设计更是超越常规，具有丰富的想象力与创造力，因此声学设计上应根据不同的演出形态、不同的表演内容、不同的功能需求作相应的调整，才能保证观众厅良好的声学环境，满足理想的观演需求。

阿姆斯特丹音乐厅（Amsterdam Concertgebouw，1888 年建成，荷兰阿姆斯特丹）"大厅"（Grote Zaal）是世界三大音质达到"A+"顶级音质的音乐厅之一，全满场中频混响时间约 2.0 秒。厅堂内有 2037 个座位，平面基本为矩形，比其他两个最佳音质的音乐厅宽，地面是平的，座位可移动。在不需要合唱时，舞台后部合唱队的座位也开放为观众席（图5-3-4、图5-3-5）。

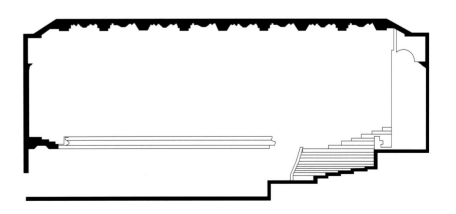

图 5-3-4　荷兰阿姆斯特丹音乐厅剖面图

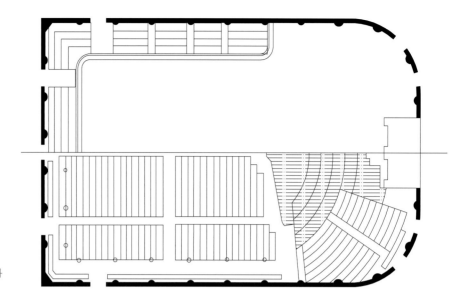

图 5-3-5 荷兰阿姆斯特丹
音乐厅平面图

美国纽约新大都会歌剧院建成于 1966 年，位于纽约曼哈顿林肯中心，是世界上容座最大的歌剧院。剧院采用现代巴洛克式，有巨大的空间、流线型的线条、重复的弧线，以及欧式建筑的精致和文雅。在声学方面，歌剧院听取声学专家建议，采用古典文艺复兴时代的多层包厢形式，使得后排听众能够获得足够的直达声，同时也使厅内各个界面的声吸收均匀。同时，台口前的顶部反射板把歌唱和乐池声反射至上层楼座和挑台的观众，台口前的侧墙可以给池座中间部位提供早期的侧向反射声（图5-3-6）。

音质设计是剧场设计的重要一环。一个声学效果良好的剧场空间应该能够满足室内声音分布均匀且所有座位处都有足够的响度，具有最佳混响特性，避免出现音质缺陷及噪声干扰等要求。良好音质的剧场，在建筑整体设计之初，就应考虑到厅堂体积、形状、边界处理、地面起坡、观众容量及材料选

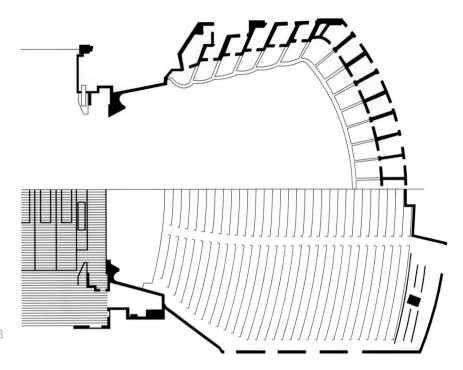

图 5-3-6　美国纽约新大都
会歌剧院平面图

择等对音质设计的影响，从而将音质设计融入建筑整体设计之中，使建筑与声学专业紧密配合，技术与艺术相互协调，而不是在主体空间设计完成后增设反声板、吸声材料等追加手段。建筑师需要了解音质设计的声学原理和解决方法，结合空间处理手法和现代技术，探索多样化的音质设计方案。因此，满足良好音质要求并不意味着限制建筑师的创作自由，而是促使其创造满足视听需求的优质剧场空间。

第 6 章 ————

观众厅的声场效应

大音希声。

　　　　　——《道德经》

声色并茂。

　　　　　——《续板桥杂记·张玉秀》

剧场作为表演艺术的空间载体，提供给人最根本的感知就是"看"和"听"。良好的声学环境可以最大限度地传达表演意图，得到观众与表演者的共鸣。剧场中容纳的演出类型多样，演出方式一般分为自然声演出、采用电声演出、以自然声演出为主、电声演出为辅三种方式。其中话剧主要以语言声演出，歌剧和戏曲等演出形式均兼有歌唱和音乐伴奏，因此，在声学设计时必须兼顾语言和唱词的清晰度及音乐的丰满度要求。

剧场的声学设计分土建设计和装修设计两个阶段。土建设计主要决定观众厅体形和界面用材的初步构思，它关系到声学设计中的重要指标——响度（音量）、早期反射声、声扩散、声场均匀分布和消除音质缺陷等。装修设计阶段的任务在于修正土建设计中体形设计的不足和控制混响时间，同时实现声学功能与演出效果的结合，使之在获得良好音质的同时达到完美的艺术效果。

此外，声学设计内容还包括隔声、减震、降噪等多方面的技术设计，其目的包括隔绝室外环境噪声、交通噪声和自然噪声；减弱机械设备和电气设备震动；降低空调及其他内部设备噪声。

6.1 —— 建筑声学

建筑声学的意义在于创造适宜的声学空间与环境，观演建筑的室内建声环境设计的重要性在某种程度上等同于建筑的造型设计。评判观演建筑的优劣单有建筑外形是不够的，只有达到艺术和技术的统一才是最完美的。

建筑声学，从广义而言，包括环境声学与噪声控制。100多年来，业界在材料与构件吸声及隔声研究、城市环境声学研究，以及噪声控制包括消声、隔声等相关技术的研究方面，取得了长足的发展。建筑声学在理论研究和设计实践上都取得了非常大的成就，人们对于影响厅堂音质的若干独立参量有了更为清楚的认识。然而，由于音质感受与评价涉及人的主观心理感受及生理不同特点，对这方面的探索仍在不断深化。人类目前对于自身的认识尚处于初级阶段，因此这方面的探索还远远不够。同时，对于音质的主观参量与客观物理指标的相互关系中许多环节至今仍不十分清楚，有待于进一步研究解决。适用于不同民族与地方特色的音乐、戏剧厅堂音质设计及其理论，是一个值得关注的研究方向。

6.1.1 —————— 有效控制观众厅容积

在观众厅声学设计中，首先要确定的就是厅堂的有效容积。室内容积大小决定了室内声能密度的大小，进而决定了观众席的响度大小。室内容积越大，相应的声能密度越低，声压级随之变小，响度也变小。所以，为保证观众席的响度，必须限定室内的容积。

有效容积的确定一般从足够的响度与合适的混响时间两方面的要求来考虑，其对于以自然声演出为主的话剧、歌剧、音乐剧、交响乐有重要的影响。

有效容积的另一个重要参数就是观众厅内每个观众所占容积的大小，这关系到观众所能获得的自然声能。对于有限的自然声能，当每座容积大，单位容积内所能获得的声能就少，就会出现响度（音量）不足。每座容积太小，自然声过强，则会影响到空间感（环绕感）。

在2016年修订的《剧场建筑设计规范》（JGJ 57—2016）中规定的不同使用功能的厅堂室内每座容积指标如表6-1-1所示。国内外近现代观众厅的每座容积如表6-1-2所示。

表 6-1-1　不同使用功能的厅堂室内容积指标

剧场类别	容积指标（m³/座）
歌剧、舞剧	5.0~8.0
戏曲、话剧	4.0~6.0
多用途	4.0~7.0

表 6-1-2　国内外近现代观众厅的每座容积表格

名称	地点	年代	容座（座）	容积（m³）	每座容积（m³/座）
拉斯卡拉歌剧院	意大利，米兰	1778	2289	11252	4.9
伦敦皇家歌剧院	英国，伦敦	1958	2120	12250	5.8
维也纳国家歌剧院	奥地利，维也纳	1869	1709	10665	6.2
慕尼黑国家歌剧院	德国，慕尼黑	1818	2123	12000	5.7
巴黎伽涅尔歌剧院	法国，巴黎	1875	2131	10000	4.7
莫斯科大剧院	俄罗斯，莫斯科	1825	2150	14300	6.0
大都会歌剧院	美国，纽约	1966	3816	24724	6.5
里斯本歌剧院	葡萄牙，里斯本	1793	1100	6400	5.8
里昂歌剧院	法国，里昂	1754	1121	5900	5.2
科隆歌剧院	阿根廷，布宜诺斯艾利斯	1908	2487	20570	8.3
悉尼歌剧院	澳大利亚，悉尼	1973	2679	24600	9.2
都灵歌剧院	意大利，都灵	1740	2000	14203	7.1
赫尔辛基歌剧院	芬兰，赫尔辛基	1973	1365	9100	6.7
国家大剧院歌剧院	中国，北京	2007	2354	18900	7.8
新清华学堂大剧场	中国，北京	2011	2011	15030	7.5
总后礼堂大剧场	中国，北京	2013	1500	13350	8.9
莆仙大剧院	中国，福建	2011	1362	9280	6.8
汤显祖大剧院	中国，江西	2008	1230	9600	7.8

6.1.2 ———— 合理设计观众厅形体

　　观众厅的有效容积得到确定后，可以由此作为依据进行观众厅的体型设计，它是音质设计的重要方面，对确保观众厅音质具有决定性的作用。大厅的体型设计主要涉及直达声、前次（早期）反射声的控制和利用、声扩散和防止音质缺陷等方面的问题。它通过观众厅的平、剖面形式，室内各界面的形式、尺寸、装修和构造得以具体地体现。

由于演出时自然语言声和音乐声的声能是有限的，为了充分利用有限的声能，使观众席获得足够的响度，特别是最后排的听众有足够强的直达声，观众厅形体应控制纵向长度。声音在传播过程中，遇到大于波长的界面将被反射，因此不同的观众厅形体将形成不同的反射声分布，对室内音质产生不同的影响。通过声线作图法可以确定反射面的位置、角度和尺寸，也可以检验已有反射面对声音的反射情况。通常简单的几何形平面在不作特殊处理时，往往视线条件最好的中前区缺乏一次侧向反射，可通过在保持外部建筑形状的前提下改变内部空间形状的方式弥补反射声，例如，改变侧墙角度或后墙作扩散处理。

若形体设计不当，则容易出现声聚焦、回声、声影等音质缺陷。凹曲面的顶棚和弧形后墙容易产生声聚焦现象，使反射声分布不均，在设计时应该避免采用。当形体设计要求必须采用时，应该通过强吸声或扩散处理来避免声聚焦。观众厅中最容易产生回声的部位是后墙、与后墙相接的顶棚及挑台栏板。通过几何声学作图可以检查回声出现的可能性。在设计时可以通过改变其倾斜角度的方式避免回声干扰，若形体难以改变，则也应作强吸声或扩散处理。

观众厅形体设计应当明确需要解决的声学问题，并结合实际设计要求作出选择。根据声线作图法设计形体，容易造成观众厅形体的千篇一律。不少人相信只有古典音乐厅常采用的鞋盒式才能达到完美的音质。鞋盒式固然不失为一种较保险的容易达到理想音质的观众厅形体，但建筑的设计总是需要在空间及形式上有所追求，提升观众对视听环境愉悦感受的精神体验。近年来，不少新设计的音乐厅通过更为细致的音质设计在创新形体的同时也实现了良好的声学效果。

6.1.3 ——— 观众厅隔声与降噪

观众厅降噪技术目前已经不仅仅局限于声学设计，而是涉及多个专业技术领域的综合技术研究。噪声对语言和音乐的听闻有很大的掩蔽作用，因此对于一个对音质有极高要求的观演空间而言，必须将噪声控制在一定范围内。

噪声源主要包括以下几个方面：

（1）由室外传入的噪声（主要为交通和人流噪声）；

（2）剧场演出时，其他用房产生的噪声；

（3）剧场内部走廊、前厅等出入通道传入的噪声；

（4）空调、照明灯具、舞台机械等设备运行时产生的噪声。

前三种噪声我们可以在建筑布局及平面设计中尽可能规避，可以归纳为基础降噪。最后一种噪声则需要专业技术支持，可以归纳为技术降噪。

1. 基础降噪

基础降噪涉及建筑选址、整体平面中观众厅的布局位置等。对于观众厅而言，主要的噪声传播形式为平面传声及空间振动。将观众厅布置在整个建筑的中央，周围环布辅助房间及休息厅，观众厅可以利用休息厅、前厅、休息廊等空间作为隔声手段，并在观众厅出入口设置声闸。另一个较大的噪声源是剧场的主要设备，例如空调机房、生活水泵房、直燃机及冷冻机房、冷冻水泵房等。设备运行时产生的振动会通过墙体、管道进行传导，从而引起结构振动，产生固体传声。为防止这种传递，需要对设备进行隔声处理，并在平面布局时将观众厅远离这些设备用房。

2. 技术降噪

空调系统运行时的噪声是观众厅内噪声的主要来源。空调系统引起的噪声有以下原因：

（1）风管及系统没有达到足够的消声量，使风机噪声传入观众厅；

（2）出风口气流速度过大，引起气流噪声干扰；

（3）送、回风量的不均衡而引起的噪声。

消除风机噪声沿管路的传播，可以采用消声（设置消声器）的方法，相对比较容易解决。降低气流噪声比较困难，因为有效的方法是降低出风口的流速，但在大容量的观众厅内，宽度大、吊顶高，如果风口（送风、回风）速度低，就达不到降温、供热的要求。在这种情况下，目前较多采用下送风（座椅下部送风）、集中回风的方式，这样以最亲近人体的距离和较低的出风流速，就能达到降温或供暖要求，从而解决大风速带来的干扰（图6-1-1、图6-1-2）。

下送风的设计要求是在池座和楼座下部设置送风静压箱。除地面外，内壁均作保温和消声处理，要求消声量（A声级噪声）不小于5dB。所有穿过

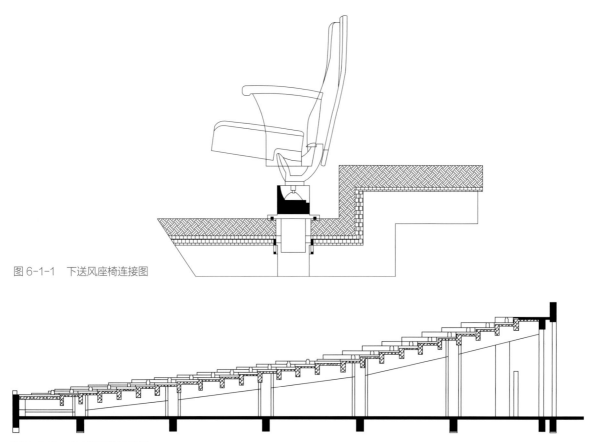

图 6-1-1　下送风座椅连接图

图 6-1-2　池座静压箱示意图

观众厅的风管水管的孔洞处，均作密闭隔声处理。为观众厅服务的排风系统设置了相应的消声器，排烟系统虽然平时不用，但与室外相通，室外环境噪声会通过排烟管道传递，因此排烟管道也设置了相应的消声器。乐池与观众厅相连，乐池空调送风通过乐池与池座静压箱相邻的侧壁开洞送风。

6.2 —— 优质声场

一个优质的声场受到多个方面的影响，包括观众厅直达声的强度、反射声的时间与空间分布、混响时间的控制、降噪及振动控制等（图6-2-1）。除此之外，指挥家、音乐家、音乐评论家、观众，每个人都有其主观评价参数。设计者应当设定主观听音（心理量）目标，确定与此对应的物理指标，通过建筑设计使确定的物理指标在实际的建筑空间中得以实现。

6.2.1 —— 观众厅平面形式与直达声

直达声决定声音的响度和清晰度，应尽可能充分地利用其能量。直达声的强度按传播距离的反平方规律衰减，简单地说就是距离声源越近，听得越

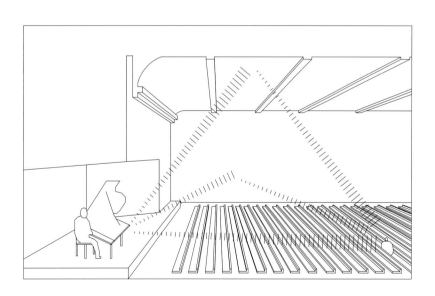

图 6-2-1　自然声直达声、反射声示意图

清楚。因此，音质在观众厅的前区和后区往往相差很多；尤其高频声在传播途中还将被空气吸收，总的损耗要比反平方定律更为严重。

由此可见，观众厅的平面进深不能太长，因此当容纳观众人数较多时，观众席尽可能多层设置，增加纵向空间高度，以保持较小的直达声传播距离，同时增大每座容积。

此外，观众厅的平面形状应当适应声源的指向性，应使观众席布置在不超出声源前方 140° 角的范围内。由图 6-2-2 可见，观众厅平面宽度对直达声的分布有重要影响，窄长型平面布局比宽扁型平面布局直达声到达范围更加均匀。因此，限制观众厅宽度及进深有重要的意义。将宽度设置在 30m 以内、进深小于 33m 的观众厅平面布局是较为合理的，其声学效果也比较理想。

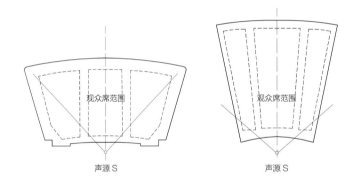

图 6-2-2 不同形式平面直达声的分布情况

6.2.2 —————— 观众厅平面及剖面形式与早期反射声

早期反射声是指在直达声以后到达的对房间的音质起到有利作用的所有反射声。观众席的有效早期反射声包括侧向和垂向两部分。侧向主要依靠侧墙提供，而垂向则由吊顶提供。侧墙反射由平面决定，而吊顶反射则由剖面决定。

由图 6-2-3 所示三种不同形式的观众厅侧墙反射分布可以看出，狭

视美与听悦 剧场观众厅设计的艺术与技术

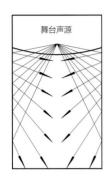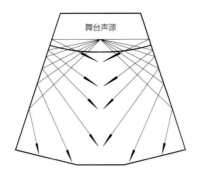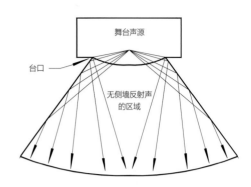

图 6-2-3 三种观众厅基本
形状反射声分布图

长形平面布局的侧墙反射声比较均匀,扇形平面观众席中部早期反射声欠缺,会造成观众席中部音质较差。因此,侧墙与中心轴夹角大小是决定侧墙早期反射声的重要参数。一般要求其两侧墙面与中轴的水平夹角小于 10°,5°~8° 为最佳。如果平面形态避免不了较大的侧墙开口角度,则可在后期装修设计中增加合适角度的侧墙反声板,从而达到厅内声场均匀的效果。同时结合前一小节的平面形态与直达声的关系分析,更加充分证实限制观众厅平面宽度的重要性。

　　来自吊顶的反射声是音质中最为有效的和最容易控制的部分,需要有效利用。在吊顶的设计中,台口前部吊顶应为池座前中区的观众和乐池内的乐师提供演唱声的早期反射声,以提高舞台演唱声的穿透力。大厅的吊顶应把舞台演唱和乐池伴奏融合后的声音均匀地分布全厅,并加强后部座位的声级。靠近舞台部分应该将一次反射声均匀地反射到观众席,此部分应为逐渐升高的平面或曲面。吊顶中部以后的部分可以设计成扩散面,将声音散射到观众席和侧墙面(图6-2-4)。

楼座作为观众厅重要的组成部分会对观众厅声环境产生一定影响。楼座将阻挡来自顶棚的早期反射声射入挑台下面的座席。使楼座下部区域形成声音的灰空间，并且会产生声聚焦、声影、回声等声音缺陷（图6-2-5）。为了避免这种情况，根据经验，一般应控制挑台的深度 b 不超过开口处高度 h 的两倍（图6-2-6）。

不同形状观众厅的反射声可通过改变侧墙进行调节（图6-2-7）。在德国的新剧场中，柏林德国歌剧院是最成功的，很重要的原因在于它有良好的音响效果。歌剧院的声学顾问克里莫在改建的过程中无法利用侧墙来加强池座

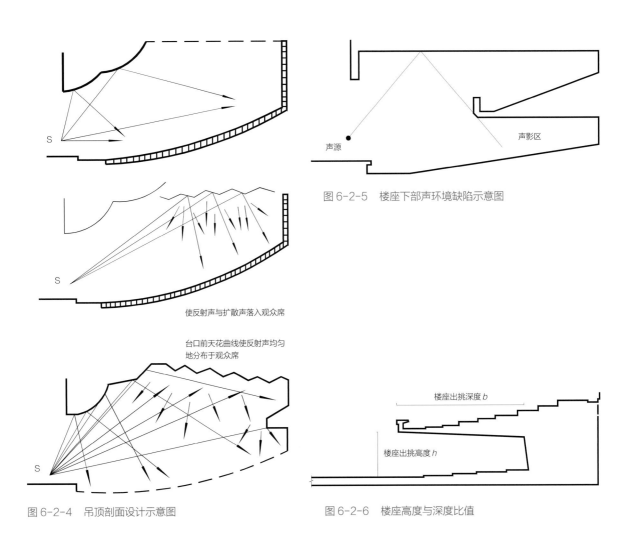

使反射声与扩散声落入观众席

台口前天花曲线使反射声均匀地分布于观众席

图 6-2-4　吊顶剖面设计示意图

图 6-2-5　楼座下部声环境缺陷示意图

声源

声影区

楼座出挑深度 b

楼座出挑高度 h

图 6-2-6　楼座高度与深度比值

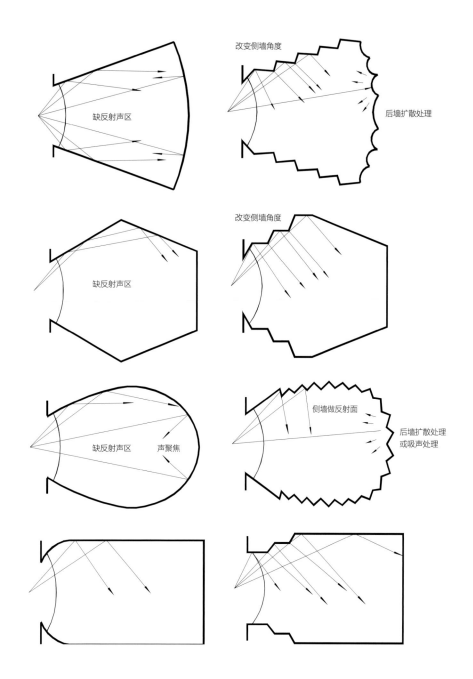

图 6-2-7　观众厅平面反射
声分布图

中央的反射声，只能利用台口镜框和顶棚来改善反射条件，将顶棚的反射面
做得更加狭窄，对声音起到扩散作用。对于 1900 座的观众厅容量，柏林德
国歌剧院观众厅最大宽度控制在 27.6m。对宽度的控制有利于形成良好的音
响效果，同样可以降低观众厅座席视线设计的难度。

6.2.3 ———————— 节点与补偿声学缺陷

目前国内的中大型观众厅设计为了满足多种形式戏剧演出的综合性需求，台口的高度及宽度都很大。这就使台口附近的反射声距离声源比较远，使得观众厅前区的座席缺乏早期反射声。此外，为追求最大限度的座席人数，观众平面尺寸会加长加宽，也同样使反射声无法均匀分布。这些是目前观众厅设计中普遍存在的声学缺陷。

观众厅中存在几个重要的声学节点，可以对这些声学缺陷进行补偿（图6-2-8）。例如台口侧墙和台口前顶棚是距声源最近的反射面，它们可以修正前区观众席的声学缺陷。侧墙、后墙、楼座栏板可以为直达声分布不均的地方和侧向反射声较弱的地方提供几次反射。

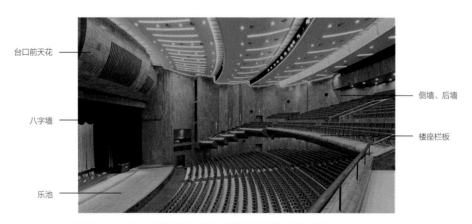

台口前天花
八字墙
乐池
侧墙、后墙
楼座栏板

图 6-2-8　北京大学百周年纪念讲堂观众厅节点示意图

1. 八字墙

八字墙是位于台口两侧形如"八"字的侧墙，是距离声源最近的反射面之一，其声学特点是可以补偿观众厅中前区的反射声。

八字墙的角度及弧度是影响反射方向的重要因素。角度尽可能小，成收拢趋势，这样会使反射声较集中于观众厅中部。曲线形态的八字墙比直线的八字墙反射范围更广。在北京大学百周年纪念讲堂的观众厅改造中，设计师将原有的直线八字墙改造为具有一定弧度的曲线（图6-2-9）。改造后观众厅池座中前区的早期反射声得以均匀分布。

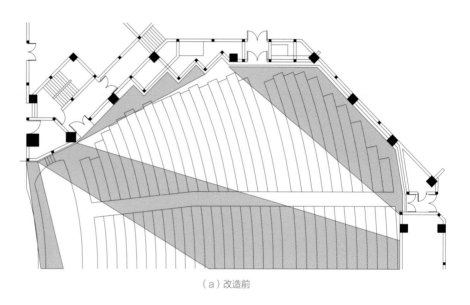

（a）改造前

图 6-2-9 北京大学百周年纪念讲堂八字墙改造前后声线分析

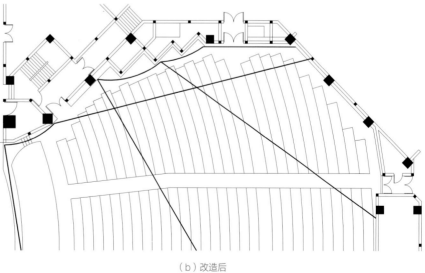

（b）改造后

2. 乐池

乐池位于舞台台口下部，是舞台前的下凹空间，也是乐队的演奏空间。乐池是观众厅的重要声源之一，其容积应尽可能大从而增强直达声能量，同时也增大了观众厅的有效容积。大型综合性剧场的乐池应满足双管乐队 60~70 人的排布要求，目前国内综合性剧场乐池面积一般为 80m² 左右。北京大学百周年纪念讲堂的原有乐池面积仅为 55.2m²，经过改造将乐池扩大为 93.8m²。

3. 台口前顶棚

位于舞台顶部包住引桥的第一道装饰顶棚，是声源最近的反射面之一，其声学作用是补偿观众厅前区的反射声及反射乐池声能至舞台。

此处的剖面造型线条应考虑两方面反射。一是接近台口、面向乐池处，适当呈向内倾斜的角度，使乐池的声源能够反射给舞台上的表演者。二是面向观众的顶棚装饰线条应避免大角度的纵向倾斜，这样会使反射声集中于观众厅后部及上部。因此此处的造型应尽量平缓，从而使反射声多集中在观众厅中部。在北京大学百周年纪念讲堂观众厅声场改造中，将原有的向后直线倾斜的台口顶棚改为曲线，并整体抬高，使观众厅前区得到了均匀的早期反射声（图6-2-10）。

4. 楼座栏板

楼座的围护装饰面是有效的声反射界面，可以有效补偿池座的声音缺陷。其合理的造型会形成反射面，为直达声不足的地方提供反射声。近似凸出的曲线在实践中比较行之有效。在北京大学百周年纪念讲堂观众厅声场改造中，设计师将原有的垂直线条的楼座栏板改为外弧形，制造了不同的反射面，从而弥补了池座部分的声音缺陷（图6-2-11）。

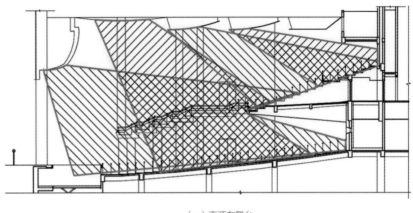

（a）声源在舞台

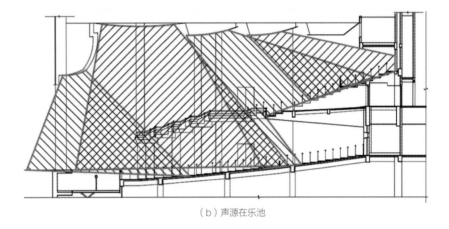

图6-2-10 北京大学百周年
纪念讲堂台口天花改造后声
线分析

（b）声源在乐池

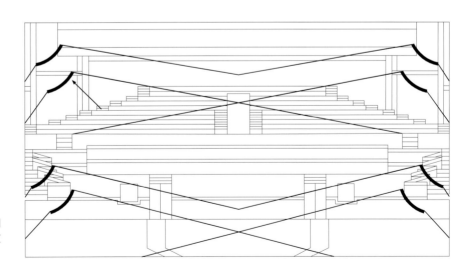

图6-2-11 北京大学百周
年纪念讲堂楼座栏板造型改
造后声线分析

5. 侧墙、后墙

观众厅的三面围护装饰面是有效的声反射界面，可以补偿池座、楼座部分的声音缺陷。侧墙、后墙反射同吊顶反射一样，作为观众厅的五大界面在观众厅声场效果中起着至关重要的作用。侧墙角度尽可能垂直于舞台，使反射声均匀分布于观众厅中部。在北京大学百周年纪念讲堂观众厅声场改造中，原有的侧墙为 45° 折线形式，其产生的有效早期反射声几乎为零。改造方案填补了 45° 夹角，改为与中轴线平行，形成了良好的侧墙反射（图6-2-12、图6-2-13）。

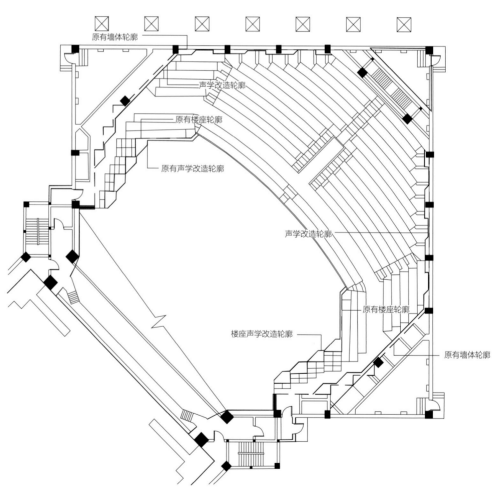

图 6-2-12 北京大学百周年纪念讲堂侧墙造型改造示意图

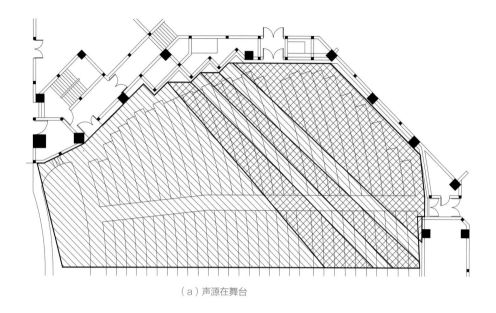

（a）声源在舞台

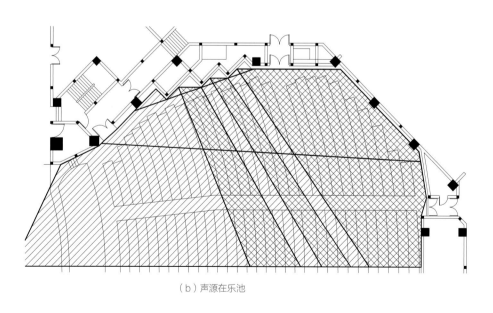

（b）声源在乐池

图 6-2-13　北京大学百周年纪念讲堂侧墙造型改造后声线分析

6.3 —— 声音效果塑造

  剧场中的声音效果塑造受到多方面的影响，声视觉配合是其中重要的一项因素。认知心理学的研究表明，视觉与听觉会互相影响、交互，它们相互作用，互为补充，从而让人类的知觉更加准确。以视觉画面促成听觉乐感的物质化，使人们能够对声音有更加直观、整体的把握；以音乐、音效赋予画面流畅真挚的意识形态和感染力，使人们能够更易于理解创作者赋予的情感共鸣。此外，随着计算机技术的飞速发展和声学设备质量的不断提高，已经可以在设计阶段实现声场仿真的视听一体化，通过技术手段进一步提高声音效果。

6.3.1 —— 视觉与声觉的相互影响

  人类的视觉和听觉这两种感觉对知觉系统有着重大影响，尤其是在剧场观众厅这种视觉和声觉同时感知的空间场所。

  神经生物学者曾研究表明，视觉到大脑的神经通路长度约 5cm，听觉神经约 9cm，视觉神经通路最短，是五感中感知最为直接而迅速的，与视觉神经相比，听觉更加间接和抽象。虽然感知速度不如视觉，但就对周围环境的敏锐感知而言，听觉却在视觉之前。对一个健全的人来说，在对外界信息进行感知时，听觉和视觉是同时而且相互协调地进行的。

  在当下各种视听媒介泛滥的年代，人们能够走进剧院，实际上就是寻求一种视觉、听觉甚至嗅觉、味觉、触觉等多种感觉共同作用下对外界行为的感知经验。因此，在观众厅空间形态的设计过程中，将听觉感知纳入到视觉动力的研究体系中，将声场与视觉场对比分析综合考虑，才能创造更好的空间形态。视觉因素（视线和光线）和声学因素二者的配合和影响、视觉与听觉的综合考虑对观众厅的空间体验与声音感受起着决定性的作用（图6-3-1）。

图6-3-1 视觉和听觉信号
分别通过光波和声波直线传
播，经视网膜和耳蜗接收

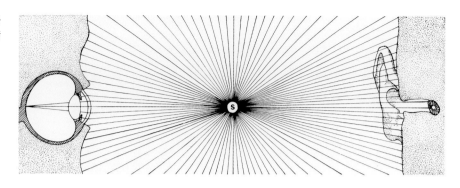

6.3.2 ———— 声场和视觉场的平衡

　　现代厅堂声学的奠基者是美国哈佛大学物理系教授赛宾，他经过大量的实验之后提出了第一个以厅堂的物理性质作定量化计算的公式——混响时间公式，从而创立了一门对剧场、音乐厅设计有指导意义的厅堂声学学科。在赛宾之前，虽然有维特鲁威《建筑十书》里的部分内容和罗马学院基歇尔的一本著作介绍了关于厅堂的声音反射和聚焦原理，但是应用非常有限。直到1838年，苏格兰工程师卢萨尔用射线图设计出了保证观众厅座席获得好听觉和视线的理想斜度——"等响曲线"，它保证了观众可以获得最佳的视线和直接声，直至今日仍为人们所使用。由此可以看出，观众厅声学和视线的设计是相辅相成的，良好的视线感受往往能带来合理的听觉感受。

　　1889年开幕的芝加哥观众厅剧场是由阿德勒和沙利文共同设计的。这是第一座采用卢萨尔等响曲线的剧场，这是一座既可以上演歌剧又可以开音乐会的适应性剧场。设计者将视点由站在舞台前的歌唱演员的头部所在点改为舞台前沿大幕线与舞台相交的一点，这样，所有的观众都可以看到演出的全景。虽然顶棚的声学设计有不足之处，但是其全景观看的视觉理念和可变的空间形式仍然被后来剧场设计者所学习。

　　在剧场发展的漫长历史中，在声学尚未得到科学的验证之前，不乏激进的设计者追求视觉刺激，忽略基本声场原理。德国当时著名的导演莱因哈特与德国近代印象派建筑师波尔息格将柏林的兰兹马戏场改建成柏林大话剧院。

在内部设计中，他将舞台推入到观众厅中去，观众席共有 3500 座，呈 U 形围绕于舞台两侧，观众厅的顶棚是一个大穹窿，整个观众厅内部气场恢弘。当时一些戏剧家认为这是朝着一种崭新的整体剧院迈出的第一步。即把原有的舞台推到观众厅中去，让观众三面包围舞台，把戏剧、舞蹈、音乐和观众糅合在一起，凭借新的聚光灯来照亮表演区。但是，这样的设计带来严重的声学问题，观众无法听清演员的说话声音。主要原因有两个：其一是穹窿圆顶造成厅内容积过大；其二是顶棚上根本没有能使舞台上演员的声音向观众席反射的反射面。当观众无法听清楚演员的声音，即便有很好的视觉效果和观演关系，对观众来说依然是一次失败的观看经历。

6.3.3 ——— 修饰声音效果的技术手段

观演建筑设计需要在满足技术与艺术的平衡下推陈出新，具有丰富的创造力，变化的空间及形体对声学设计提出了新的要求。同时，演出形式的不断发展变化、创新的演出形态和演出方式也导致声学需求的不同，因此支撑起种种剧场空间构想的技术要素就显得尤为重要。现代的剧场技术发展为未来的表演形式提供了更加广泛的可能，技术作为一种辅助手段可以实现演艺表演的艺术目标。

计算机室内声场模拟在室内声学的研究中是一个重要方向。虽然通过声波的传播理论方程能够在一定范围内得到解析，但是当空间要素较多、边界条件复杂时，求解声学方程相对困难。使用计算机模拟来研究声音在建筑空间内的传播规律、预测室内声学性质具有快速、高效、直观等优势，具有巨大的应用前景。随着技术的不断发展，声学家致力于模拟技术的实用化，将它应用于指导实际音质工程设计，在设计阶段对室内声音效果的预测有很大的辅助作用。

电声系统现已成为观演建筑中满足其使用功能要求的不可缺少的一部分。同时也要求建筑设计为其创造一个适宜的建筑声学环境，提供需要的安装、使用空间。扩声系统是观演建筑中常用的电声系统，它能将语言、音乐等信号通过传声器拾音，放大器放大，再由扬声器发声。主要用途是在空间较大、声源声功率级较小的情况下将声音放大。它要求有较大的声功率，并有较高的保真度。观演建筑声学条件和扩声系统共同决定音质的好坏。为有良好的扩声效果，要求厅堂有合适的混响时间及频率特性，声场有一定的扩散，具有较低的背景噪声和无回声、多重回声、声聚焦等音质缺陷。

利用电声设备改善室内音质或创造某种特定的声学效果，被称为音质主动控制。音质主动控制主要分为两个方面：一是增加早期反射声，并改善反射声分布；二是增加空间混响声能，延长混响时间。通常增加反射声的方式是设置电子反射声系统，在声源附近布置传声器拾取直达声，将声信号经过放大并根据需要进行延时处理后，再由扬声器在特定位置按所需方向发出。混响延长系统则置传声器于混响声场中拾取混响声，经过放大、延时后再由扬声器发出，以提高室内混响声能，起到延长混响时间的作用。

美妙的声音是人类永恒的追求。在剧场中观看演出时，演员可以通过声音传送跨越时代与空间的共通情感，观众则可以通过声音与他人产生共鸣。观众厅作为一个容纳声音的容器，其良好的声场效应能够放大并美化声音。现代剧场中许多极具创造性的设计以及新的演出形态不断出现，都对剧场声学设计提出了更高的要求。剧场声学设计是集物理、艺术、材料、工艺等于一体的科学。对声音的理解和认知、对相关学科的深度研究以及对表演形式的广泛了解是做好剧场声学设计的重要方面。剧场中良好的声场效应与视觉效果共同构成的空间体验可满足人的生理舒适，调动人的情绪反应，使观者在精神上得到美与悦的享受。

第 7 章 ———— 作品

7.1 —— 北京大学百周年纪念讲堂

项目地点：北京
设计时间：1996 年
竣工时间：1998 年
用地面积：13500m²
建筑面积：12672m²

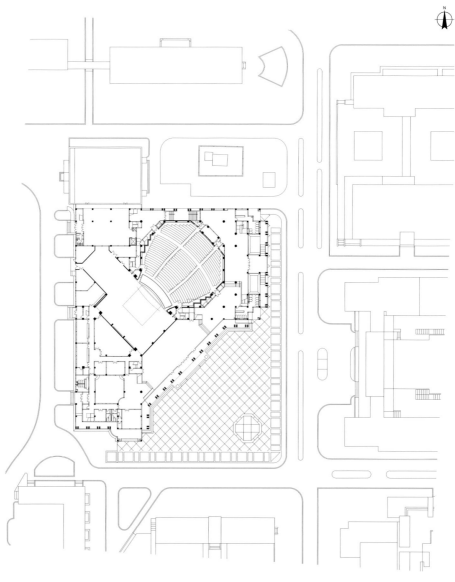

标高 −0.600m 平面图

视美与听悦　剧场观众厅设计的艺术与技术

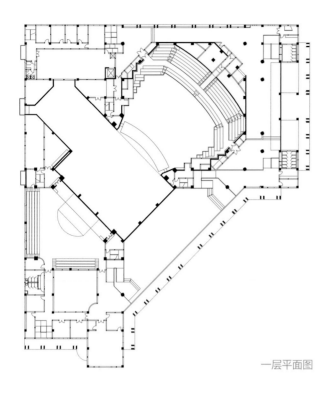

一层平面图

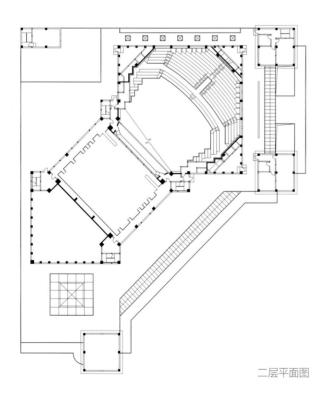

二层平面图

北京大学百周年纪念讲堂建于北京大学著名的"三角地"北侧，原礼堂旧址处，为庆祝1998年北京大学建校100周年而建。其东侧邻电教楼，南侧为教学区，北侧为学生食堂。纪念讲堂在总体环境设计中，充分考虑环境因素现状，尊重周围环境，随境而生。内部设有2167人综合剧场和300人多功能小剧场、纪念大厅及相应的服务用房。讲堂功能早年定位为举行全校的典礼、集会，同时兼顾电影和中小型文艺演出等多功能使用需求。随着学校演出功能的加强及适应多种演出的需要，讲堂观众厅于2015年开始进行建声改造，改造后的观众厅功能定位为文艺演出、歌舞剧演出场所；在使用电声系统的条件下，兼顾会议、电影等功能；使用舞台反声罩时，满足交响乐演出功能。北京大学百周年纪念讲堂在为学校服务的20多年的时间里，每年演出近300场，

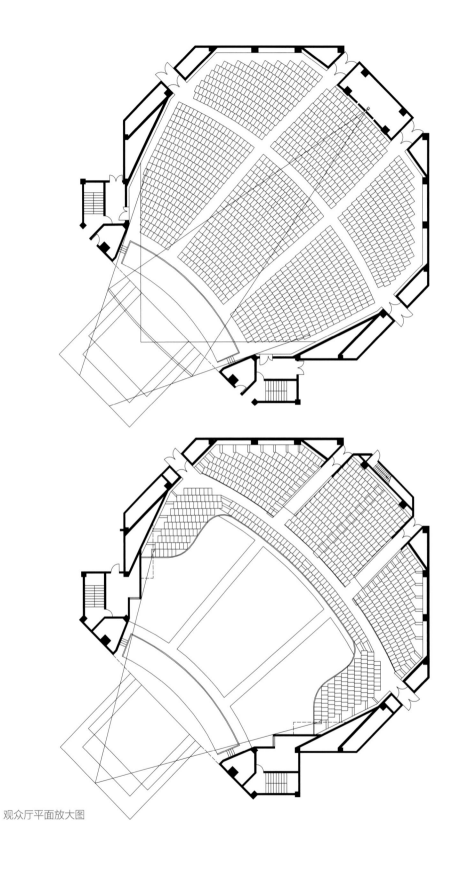

观众厅平面放大图

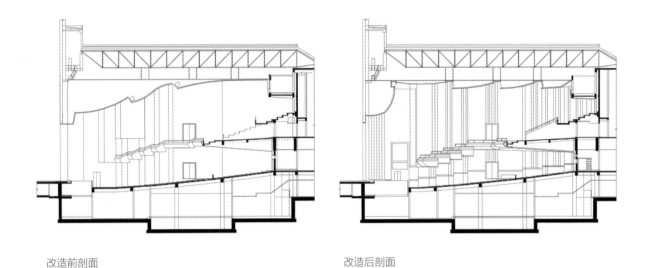

改造前剖面   改造后剖面

由于其独特的观演空间文化氛围及优质的声场环境，得到国内外演出团体的诸多好评，成为师生交流和社会交流的重要场所，也成为北京大学有代表性的经典的文化建筑。

建筑以朝向东南向的广场为中心环绕布置，讲堂主体退后并旋转 45°，以舞台为中心承接侧台、后台、观众厅、纪念大厅，建筑体量层层跌落，巧妙地解决了剧场大空间体量及舞台合理使用高度与校园环境的协调问题。建筑形态处理顺应场地格局，因势就势，在寓意上呼应北京大学校园建筑文化。在舞台顶部增加坡顶，利用纪念大厅的玻璃墙面、空透的双柱廊及丰富的石材墙面，表达出建筑的体面关系。建筑室内外材料进行一体化设计，空间相互渗透，使人在浏览建筑过程中体味到建筑内外空间的完整与延续。

观众厅采用一层池座、一层楼座。为保证观众厅良好的音质效果，建声设计在空间容积及台口、乐池的声反射角度处理及材质运用上均做了技术的深化，形成了厅内混响时间 1.5 秒以上的声场效果，得到业内的好评。改造后的观众厅总体装修效果和气氛保持不变，更换顶、侧墙的饰面材料，以保证良好的音质效果。为增强观众厅的容积，将第一排观众席拆除，乐池由 55.2m² 扩大为 93.8m²；顶棚整体提升 1.2m，台口左右、上口的八字墙及二

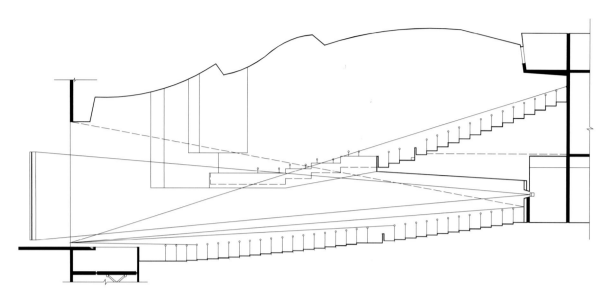

观众厅视线设计图

层挑台侧板的弧度重新设计，改善声音反射角度；将原有的向后直线倾斜的台口顶棚改为曲线，并整体抬高，使观众厅池座中中前区的早期反射声均匀分布，加强中区的声音反射，将厅内的混响时间提升到 1.5 秒。将原有的垂直线条的楼座栏板改为外弧形，制造了不同的反射面，从而弥补了池座部分的声音缺陷。原有的侧墙为 45° 折线形式，其产生的有效早期反射声几乎为零。改造方案填补了 45° 夹角，改为与中轴线平行，形成良好的侧墙反射。

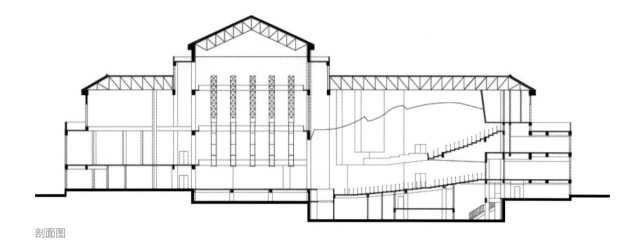

剖面图

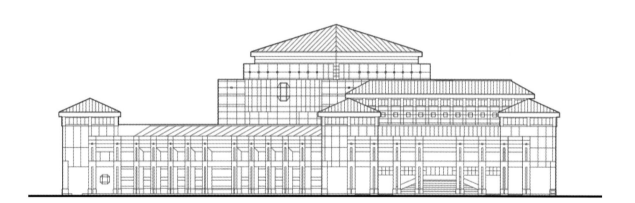

东立面图

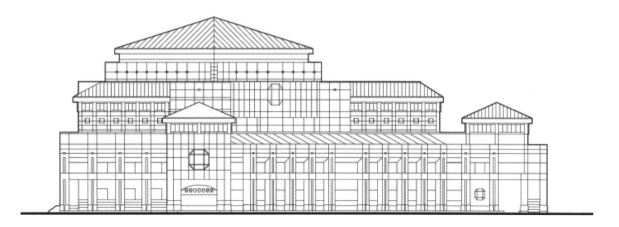

南立面图

　　　　　　　　　　　　　　　视美与听悦　剧场观众厅设计的艺术与技术

7.2 ——— 青海大剧院

项目地点：青海 西宁
设计时间：2008 年
竣工时间：2012 年
用地面积：36017m²
建筑面积：30506m²

1- 大剧院
2- 青海科技馆
3- 夏都会议中心

总平面图

青海大剧院地处青海省西宁市西侧 4 公里处的海湖新区中心区，与西侧的青海科技馆遥遥相望，共同围合形成海湖新区中心区城市广场。剧院内部设有1200座的演艺剧场、800座的音乐厅、300人的多功能厅、同时容纳200人的现代化电影城及相关配套服务设施。作为青海乃至西部地区规模最大的综合性剧院之一，能满足大型舞剧、歌剧、话剧、交响音乐会、戏剧及综艺晚会等各种演出的硬件需求。青海大剧院的建成，带动了海湖新区的发展，成为西宁市人们观赏艺术的休闲场所、海湖新区重要的公共场所、西宁城市形象的代表性建筑。

青海大剧院的设计以高原雪山为造型意象。剧场和音乐厅构成的两个主要椭圆形体量，在高度和体量上突出于主体，在色彩、材料、建筑细部等方面着重处理。通过一系列弧形的室内大厅，与室外平台、广场、台阶相联系，如雪山绵延不绝、雄伟端庄。建筑形体延续出的弧形墙体与椭圆形主体自然

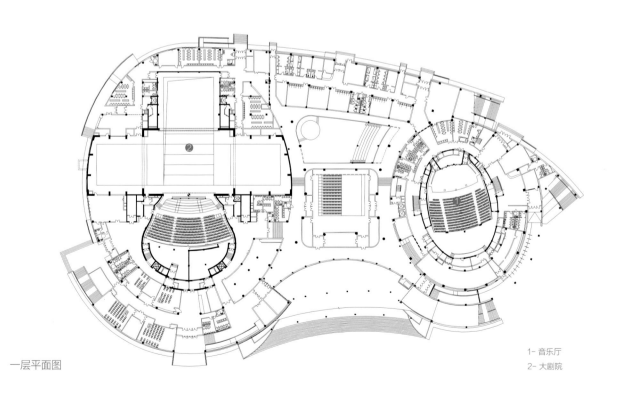

一层平面图

1- 音乐厅
2- 大剧院

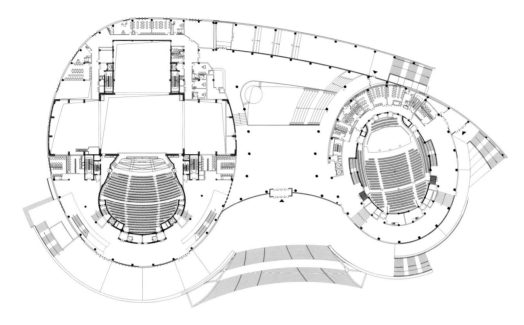

二层平面图

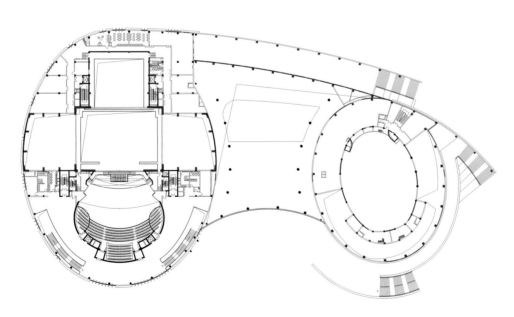

三层平面图

视美与听悦 剧场观众厅设计的艺术与技术

形成入口空间，反弧状的公共大厅可以远眺连绵的山脉和城市风景。外墙向内倾斜，墙面螺旋上升的石材饰面强调了建筑的体量感和厚重感。每块石材垂直于地面干挂，在凹槽处搭接，从而保证标准板材适应墙面上窄下宽变化的肌理。玻璃幕墙与石材幕墙间的错动，表达出建筑形体的秩序、节奏和渐进的高潮。

　　歌剧院观众厅两层楼座共1200座，马蹄形的平面对观众视线、视距作了优化和弥补。楼座结合包厢式设计加大了声学反声效果。音乐厅座位排放强调空间的围合感，拉近了观众和演出者的距离。舞台顶部反射板和周边弧墙设计也充分满足声学设计要求。观众厅良好的声学效果和室内环境保证了剧场的演出效果。

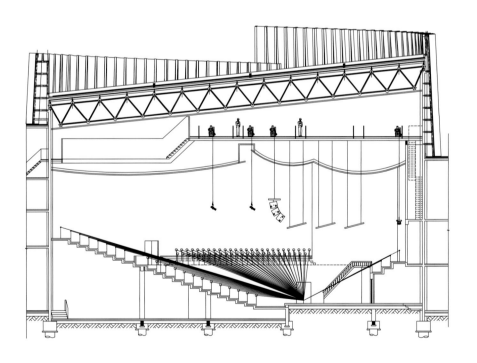

音乐厅观众厅剖面及视线分析图

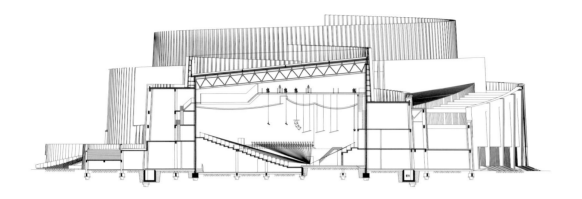

音乐厅纵剖面图

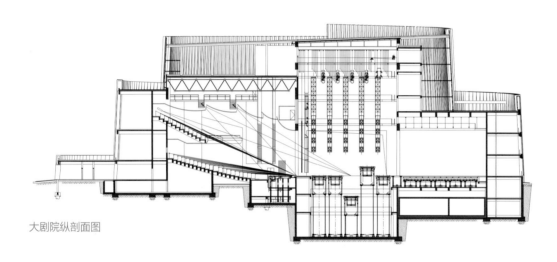

大剧院纵剖面图

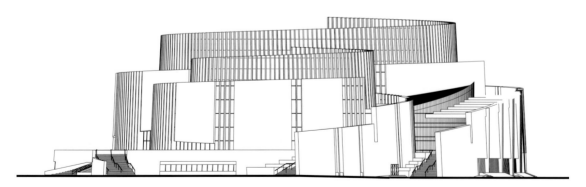

南立面图

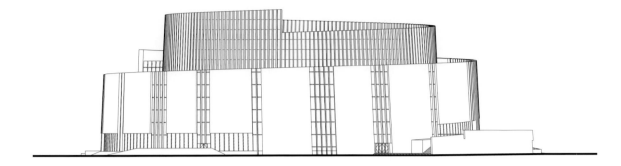

北立面图

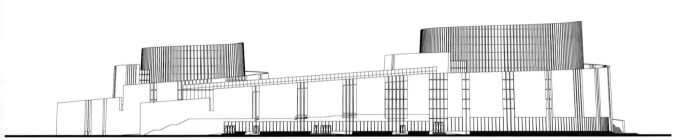

东立面图

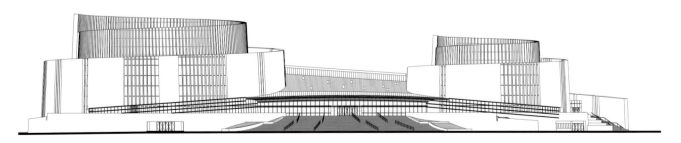

西立面图

视美与听悦 剧场观众厅设计的艺术与技术

视美与听悦 剧场观众厅设计的艺术与技术

视美与听悦 剧场观众厅设计的艺术与技术

7.3 ——— 黄河口大剧院

项目地点：山东 东营
设计时间：2011 年
竣工时间：2015 年
用地面积：294900m²
建筑面积：45094m²

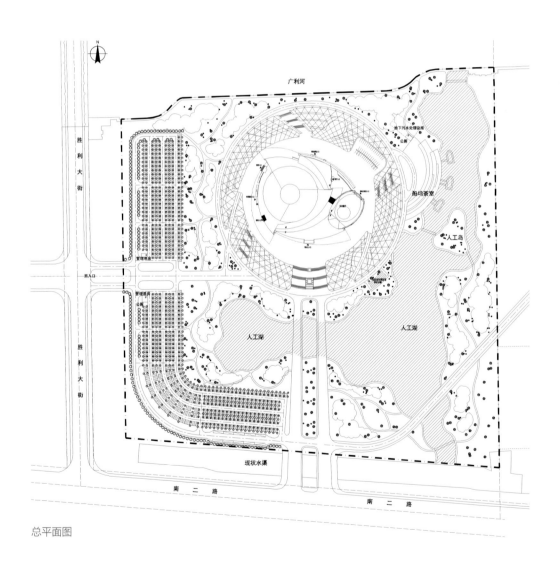

总平面图

黄河口大剧院位于黄河入海口山东省东营市，内部设有1343座大剧院，另设400座多功能厅及电影厅等综合服务，可提供大型歌剧、舞剧、芭蕾舞、交响乐演出，兼顾大型综合文艺演出。建筑设计充分利用所在区域的环境优势，取"莲"的造型，形成区域内的形象标志，突显了东营这座新兴工业城市的文化蕴含价值及城市精神的溯源。优雅的建筑造型及丰富的内外空间印象，使大剧院成为黄河口最具魅力的标志性建筑之一。

　　建筑外形构架采用标准构件，在中心处插接以满足非线性变化的可能，建筑玻璃幕墙与钢结构组合的"花瓣"处理，表现出花型的优美与分形的自然逻辑，凸显出建筑结构与形态的视觉突破。建筑外部形态的变化与内部空间使用需求相一致，不同高度的"花瓣"有效地将主舞台高度、观众厅高度组合起来，形成完美的外部形象。

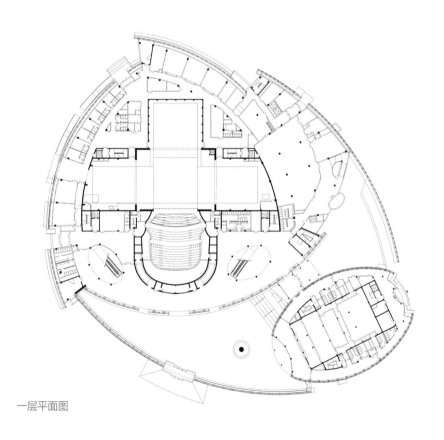

一层平面图

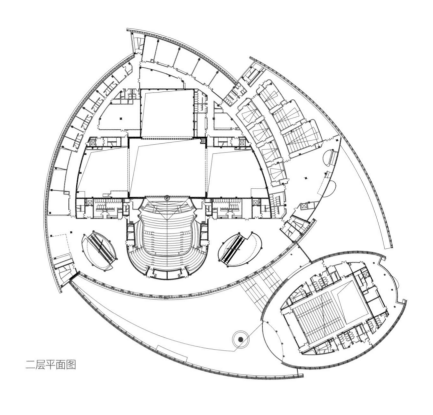

二层平面图

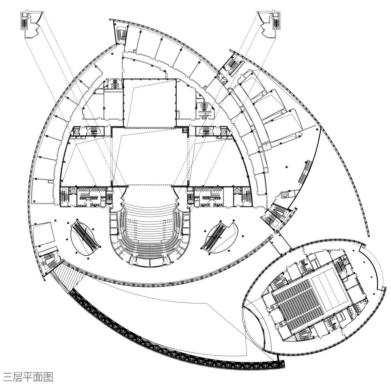

三层平面图

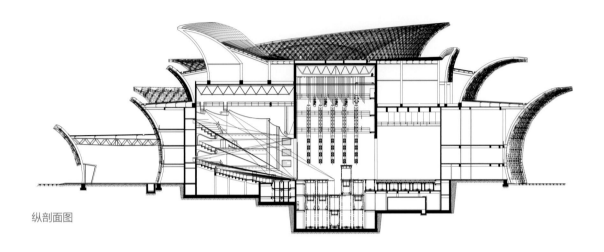

纵剖面图

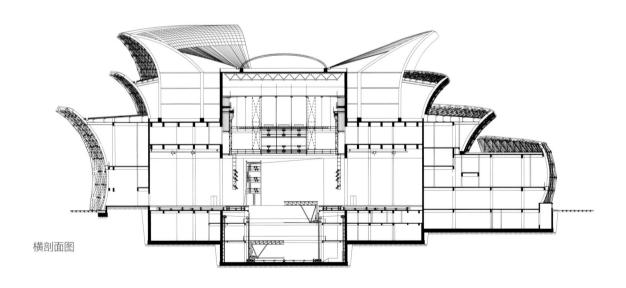

横剖面图

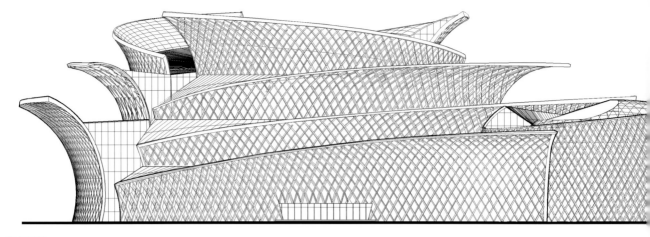

北立面图

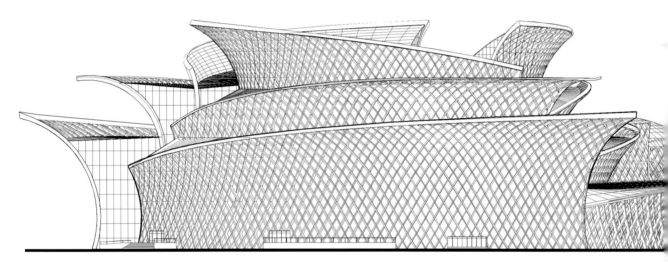

东立面图

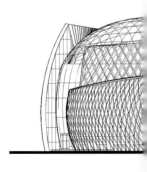

南立面图

项目在各个厅堂的观众厅人数及功能配置上，在大剧院的建声设计、舞台技术设计及观众厅座位的布局设计上均进行了技术上的论证及适度的提升，有效地控制了造价及日常的运营成本，营造了良好的观演及视听条件，取得了很好的经济效益。剧场观众厅吸取古典歌剧院包厢式的做法，一层池座，后排升起，形成三层楼座的空间感受和有利于建声设计的空间环境，使观众在水平、垂直等不同界面均存在优良的心理与视听感受。大剧场演出功能定位在歌舞表演兼作集会使用，声学设计以电声为主，建声为辅。设计中频（500Hz）满场混响时间为 1.4±0.1 秒。加舞台反声罩后，中频（500Hz）满场混响时间为 1.6 秒，取得了很好的音质效果。

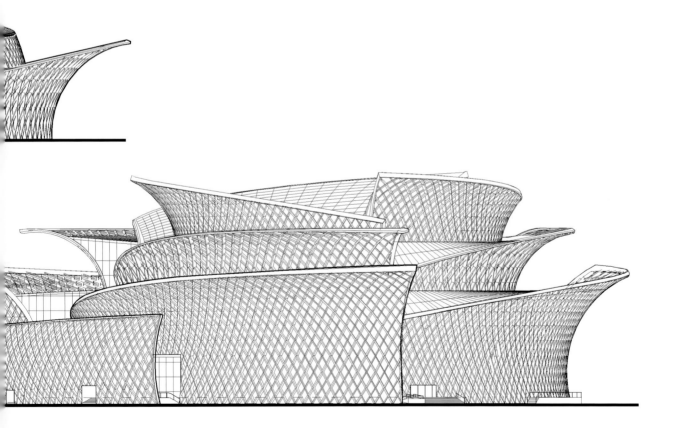

视美与听悦 剧场观众厅设计的艺术与技术

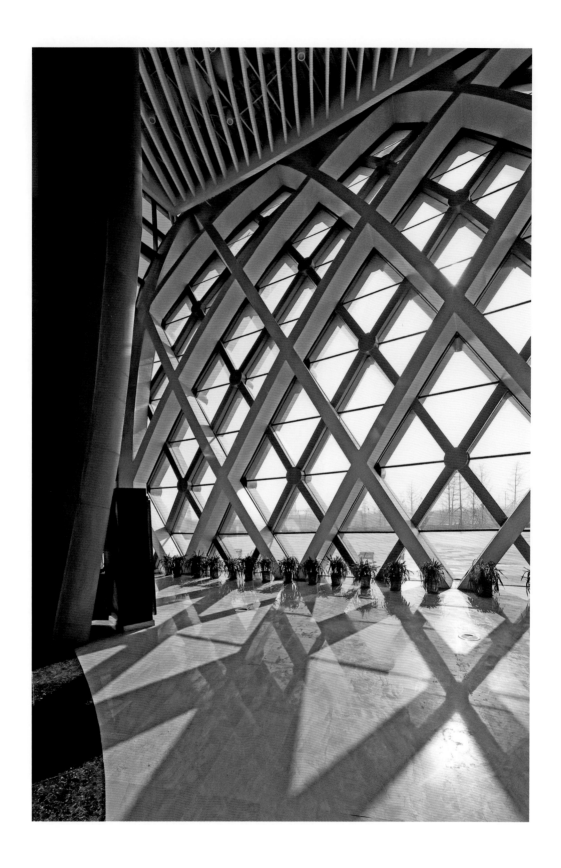

视美与听悦 剧场观众厅设计的艺术与技术

第 7 章 作品

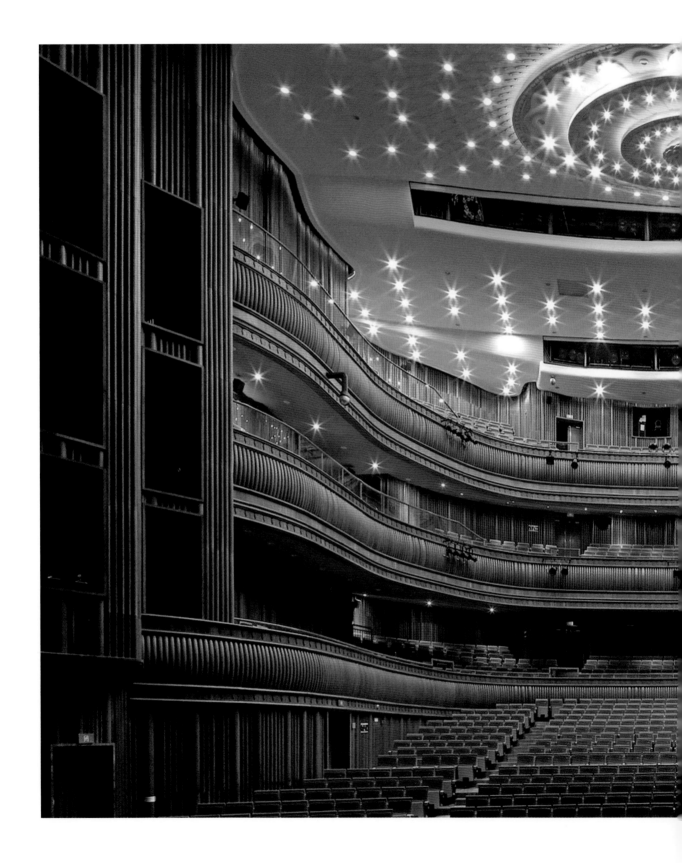

视美与听悦 剧场观众厅设计的艺术与技术

7.4 —— 江西省艺术中心

项目地点：江西 南昌
设计时间：2006 年
竣工时间：2010 年
用地面积：78200m²
建筑面积：45510m²

1- 歌剧院
2- 音乐厅
3- 综合排练厅
4- 美术馆

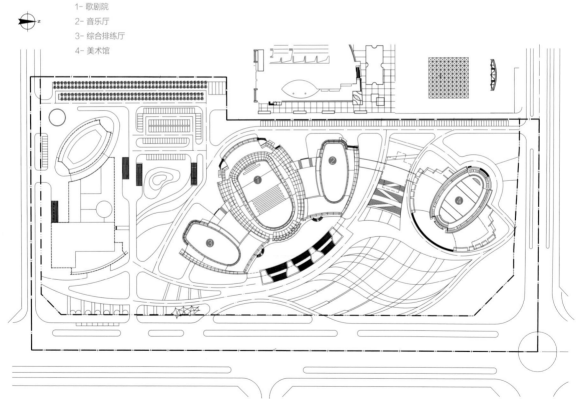

总平面图

江西省艺术中心坐落于古城南昌的京东开发新区内，东邻高新大道，北侧为南京东路。建筑内部设有1462座歌剧院，800座音乐厅、排练厅及美术馆。艺术中心的建设连带其对面的区政府广场，形成了开放的城市中心广场环境，成为市民欣赏艺术、交流休闲的场所，为南昌市带来了新的文化景象。

　　艺术中心建筑造型取意于宋代瓷器中经典的莲花纹样。水平向连续线条建立起弧形墙面的紧密联系，形成多维度的丰富形象。曲面和曲线的运用从体量上使其形态突破理性的逻辑，形成了内外一致的丰富的室内外建筑空间，增强了建筑的情感化和表现力。建筑外墙石材选用国产石材，通过不同规格的有序组合及不同界面的处理而呈现出丰富的肌理，其内部空间亦与外形相符合。弧状墙体与入口处的玻璃幕墙强烈的虚实对比，烘托出建筑整体的气韵。休息厅室内的连廊、楼梯构成了形态丰富的内部空间，其间往来的人流宛如一幕演出中的场景，增加了空间的想象力。

　　歌剧院观众厅有1层池座、2层包厢楼座。主台32m×23.8m，净高29m；后台宽22.2m，进深最小处20m；侧台进深21m，平均宽度为20m。

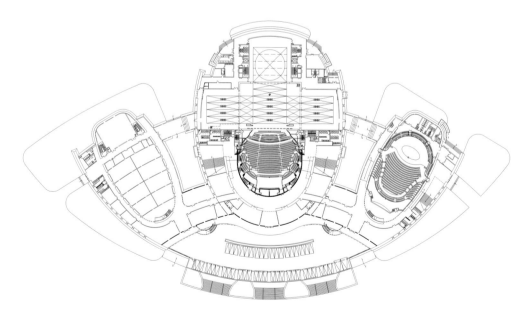

一层平面图

台口尺寸为 18m×12m（宽 × 高）。设计混响时间为中频 500Hz1.4~1.5 秒。
音乐厅观众厅为提琴形平面布局，设有 1 层池座、1 层楼座。演奏台上方设
有声反射体，与光学设计相结合，既满足了建筑声学设计的要求，又达到了
很好的视觉效果，设计混响时间为中频 500Hz1.8 秒。

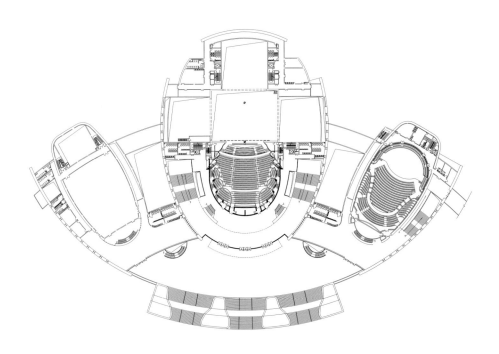

二层平面图

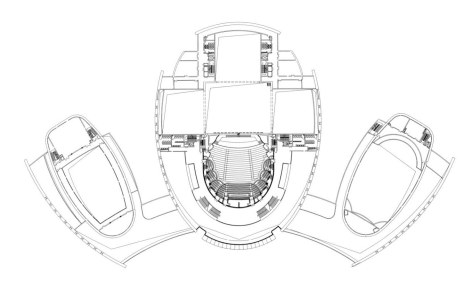

三层平面图

视美与听悦　剧场观众厅设计的艺术与技术

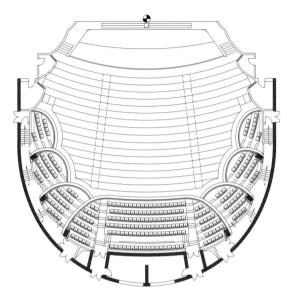

观众厅二层楼座平面图

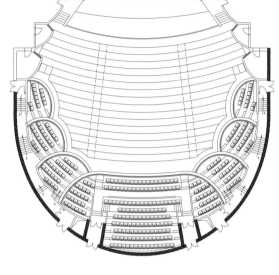

观众厅三层楼座平面图

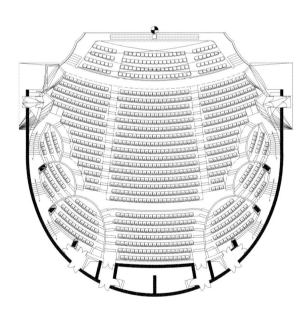

观众厅一层池座平面图

观众厅剖面图

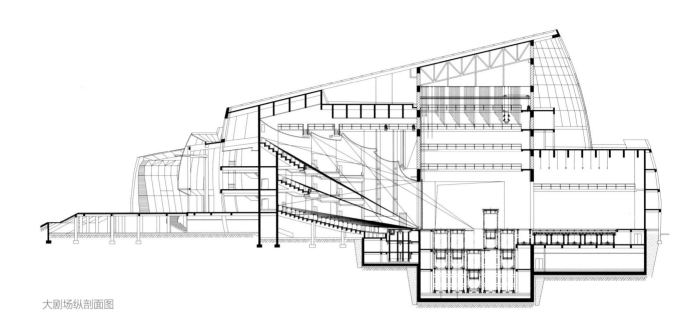

大剧场纵剖面图

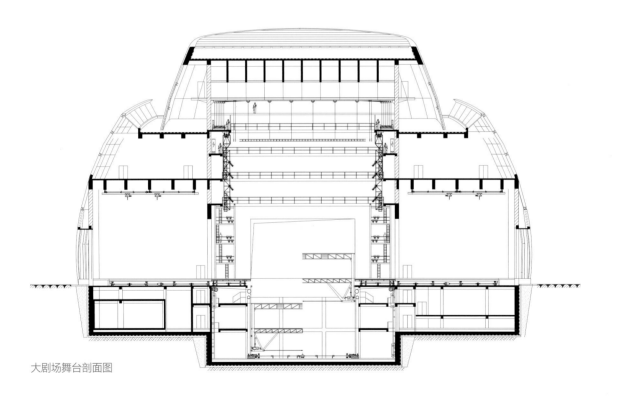

大剧场舞台剖面图

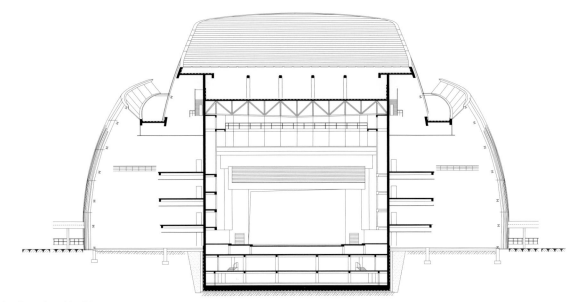

大剧场观众厅剖面图

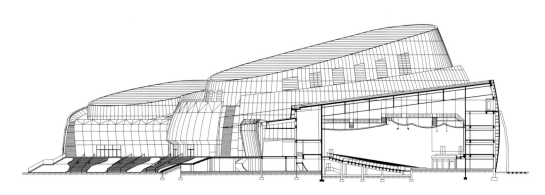

音乐厅纵剖面图

视美与听悦 剧场观众厅设计的艺术与技术

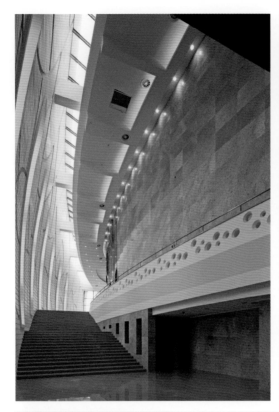

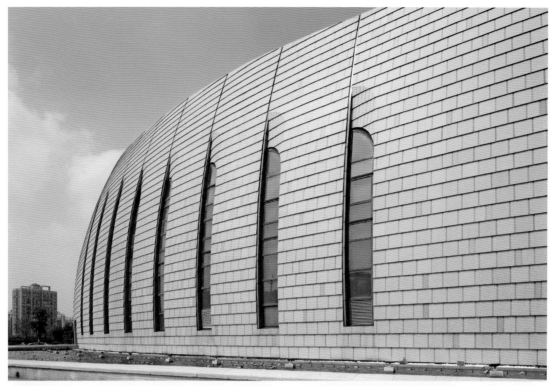

7.5 —— 邯郸幼儿师范高等专科学校演艺中心

项目地点：河北 邯郸
设计时间：2008 年 4 月
竣工时间：2020 年 9 月
用地面积：12016m²
建筑面积：6712.47m²

1- 演艺中心
2- 图书馆
3- 教学科研楼
4- 食堂
5- 宿舍区
6- 艺术楼

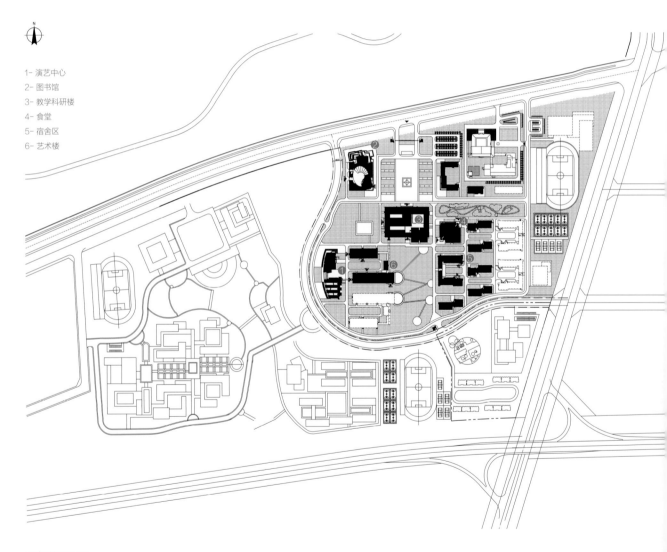

学校总平面图

河北邯郸市武安高等教育园区位于城市南部新区，建筑用地面积1400
亩；邯郸幼儿师范高等专科学校建于园区东侧，拥有洺湖和城市道路等多重
优势，使园区与城市融为一体，是武安新城重要的人文景观，校区建成后约
有学生5000人。演艺中心位于学校教学区，东邻艺术实训楼，西侧为学校
外环路。演艺中心建筑面积6712m²，其中地上建筑面积5714.4m²，地下建
筑面积988m²，建筑高度18.85m。主要功能包括演出、报告、会议等。主

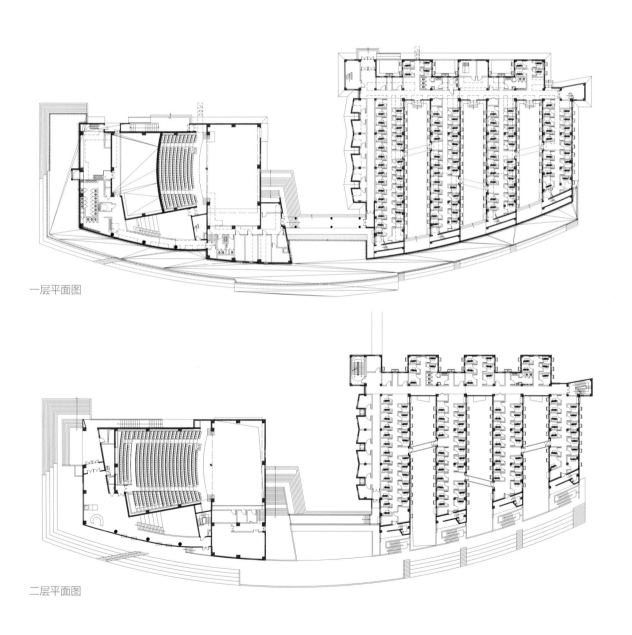

一层平面图

二层平面图

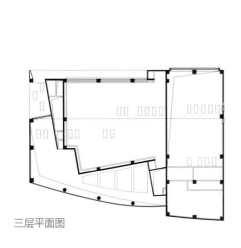

三层平面图

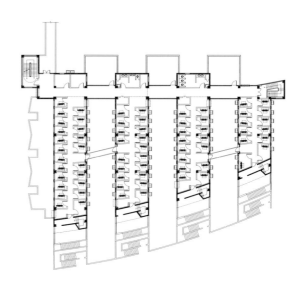

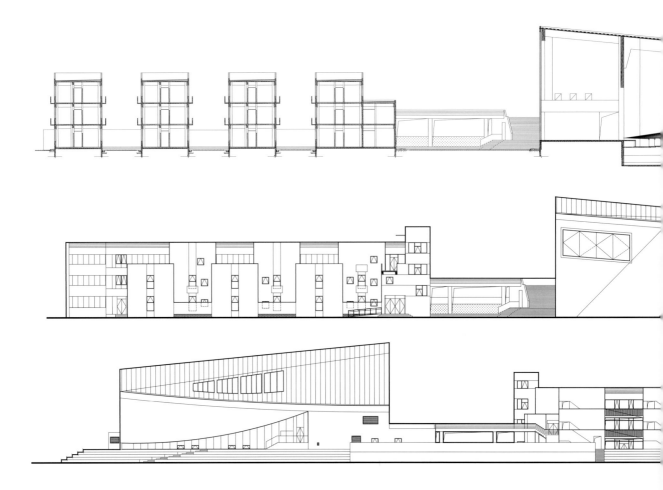

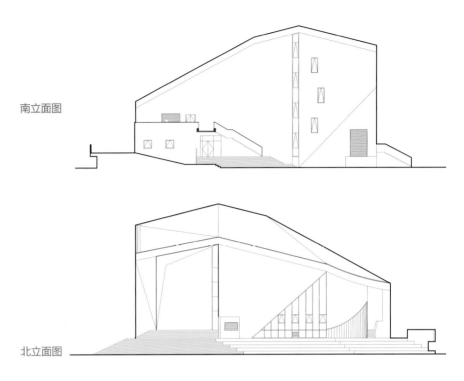

南立面图

北立面图

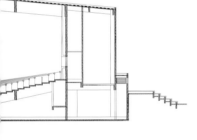

剖面图

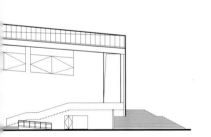

东立面图

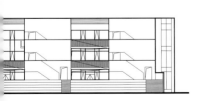

西立面图

要空间包含前厅、休息厅、500座观众厅、舞台、化妆间、配套服装道具室、266间琴房、回课教室及办公室等。

　　建筑布局顺应场地形状，将演播厅和琴房并置在基地南北两侧，并在场地中部围合出公共空间，设计巧妙地在用地西侧引入弧形台阶，连接演播厅、琴房楼两部分，并承接了西侧校园外的河面景观，灵活地将建筑形式、使用功能、校园景观融为一体。建筑外部形态与室内空间完美契合：琴房利用庭院围合，空间轻松自然，具有韵律感；观众厅室内顶棚中部高起的屋脊空间，与建筑外部屋脊重合，达到建筑内部空间与外部形态的高度统一。建筑形态随形体转化，屋脊起伏，形成了极具雕塑感和艺术品位的建筑群体。

　　演艺中心观众厅体积为4800m³，舞台体积约为6200m³，主台尺寸12.3m×24m，净高17m；台口宽14m，高9m；每

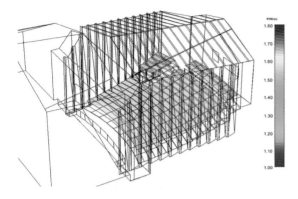

剧院观众席 250Hz 混响时间分布图

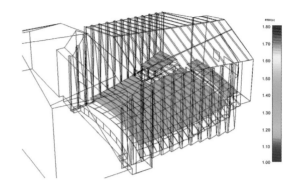

剧院观众席 2000Hz 混响时间分布图

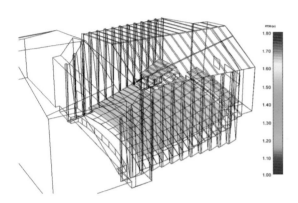

剧院观众席 500Hz 混响时间分布图

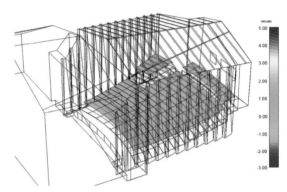

剧院观众席明晰度指标 C80 分布图

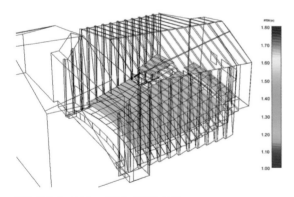

剧院观众席 1000Hz 混响时间分布图

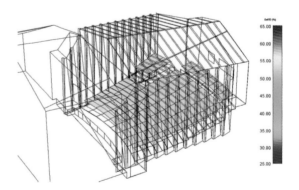

剧院观众席语言清晰度指标 D50 分布图

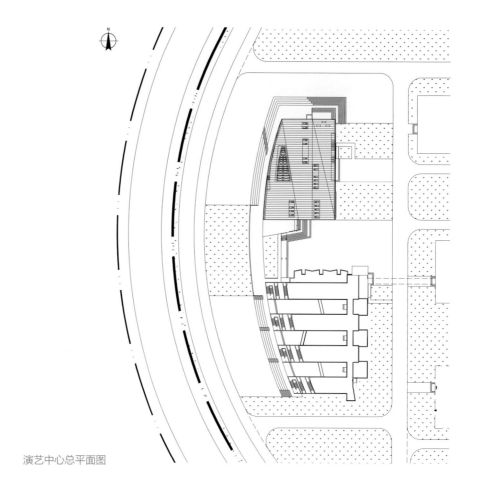

演艺中心总平面图

座容积率为 9.4m³/ 人。建声设计中吊顶采用特殊处理的木纹装饰板，其造型材质能充分反射声能，保证观众厅内足够的响度并使声场分布均匀；折板造型的侧墙面向舞台的一面（应声面），将台口的声能充分反射到观众席各区域，提供较好的早期反射声；后墙通过吸声处理，有效调节观众厅内混响时间。计算机音质模拟分析的结果表明，低频 250Hz 混响时间为 1.6~1.8 秒；中频 500Hz 混响时间为 1.5~1.7 秒，1000Hz 混响时间为 1.4~1.6；高频 2000Hz 混响时间为 1.3~1.5 秒，满足声学效果需求。此外，观众厅主要区域语言明晰度在 50%~60%，表明室内音质清晰、明亮。观众厅明晰度指标 C80 控制在 -2~0dB 之间，表明音乐明晰度良好，有利于音乐层次感的表现。

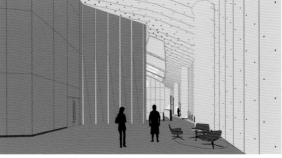

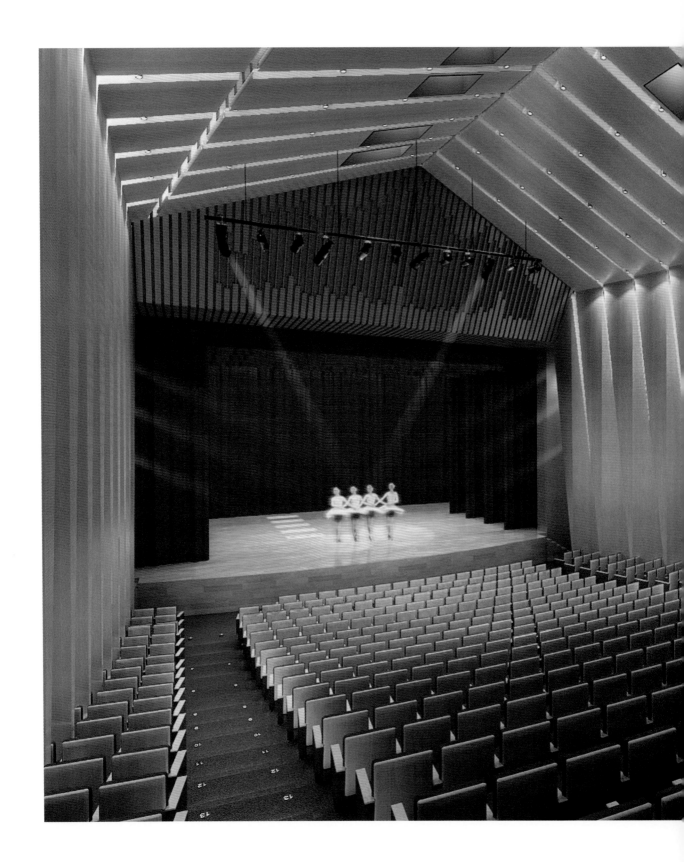

7.6 —— 通辽大剧院

项目地点：内蒙古 通辽
设计时间：2014 年
竣工时间：在建
用地面积：106000m²
建筑面积：54000m²

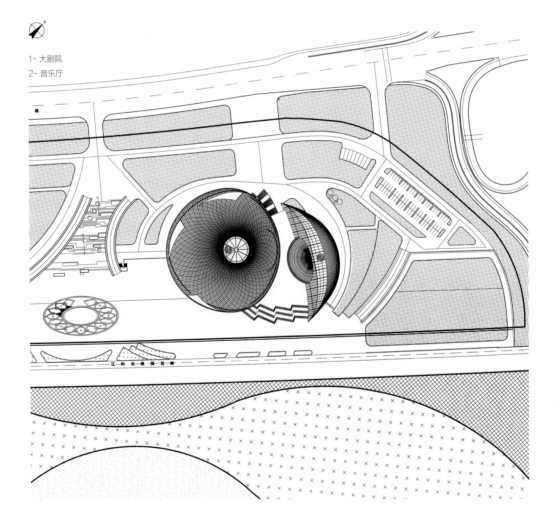

1- 大剧院
2- 音乐厅

总平面图

通辽大剧院位于通辽市新城区，建国北路以东、柳荫路以南、河堤以北、科技馆用地以东。大剧院用地面积 10.6hm²，包括一个可容纳 1496 人的中型演艺剧院、一个 800 座的音乐厅、电影城及艺术展馆，是一座集演出、娱乐、展览、展示多功能于一体的多功能大剧院。通辽大剧院的落成将进一步完善城市区域功能，提高城市环境品质，促进市民进行良性互动，有利于文化艺术的普及与宣传，也将成为通辽市面向外界进行宣传的窗口。

通辽大剧院建筑地段为独具特色的辽河北堤。建筑主入口大台阶面向辽河展开，高耸于北堤之上，首层标高与大堤拉平，使得建筑立面借助辽河突出建筑整体形象，并可以为建筑提供多方位立体观景的可能，最大化地利用辽河景观，同时也强调建筑的特质——环境滨水特征。大剧院的形体由一个

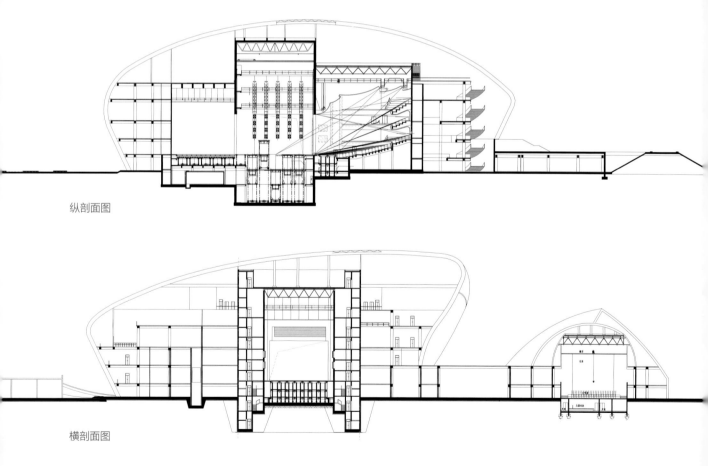

纵剖面图

横剖面图

优美的椭球形"裂变"而成，形成了一大一小、虚实对比的两部分。圆形设计不仅美观，使观者有一种舒服、圆满的感觉，而且在大风大雪中阻力小、不积雪。建筑体量具有很好的平衡感和稳定性，给人一种庄重、大方的感觉。建筑形体整体性强，布局紧凑。它将使用功能与审美功能巧妙地结合在一起。变化丰富的曲线也暗示了体量内部富于变化的室内空间。 大剧院与音乐厅在总体布局上相对独立，同时在内部功能上有机联系。建筑各个功能体公共

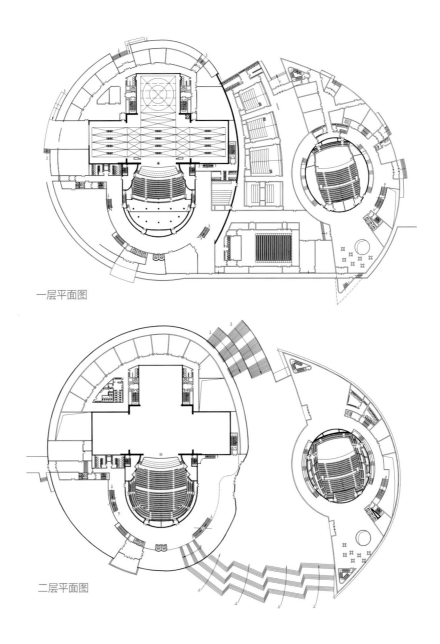

一层平面图

二层平面图

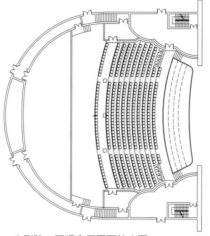
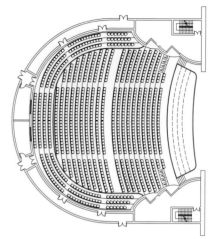

大剧院一层观众厅平面放大图　　　　　　大剧院二层观众厅平面放大图

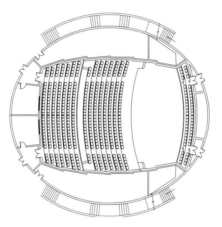
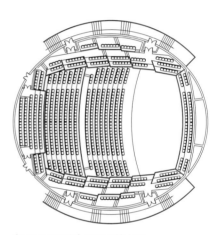

音乐厅一层观众厅平面放大图　　　　　　音乐厅二层观众厅平面放大图

空间可分可合，既可分别管理，便于独立经营使用，又可作为整体同时运营。功能设计中充分考虑了建筑多功能利用的可能性及可持续发展性。

　　大剧院的功能定位以歌剧演出为主，兼顾其他剧种和文艺演出形式；舞台可设置反声罩，演出交响乐。演出以自然声为主，电声为辅，扩声系统主要作报幕等使用。观众厅体形为传统的马蹄形平面，观众厅长 32.6m，宽 33.1m。观众每座容积设计为 $7.5m^3$，总容积控制在 $11500m^3$，在声学控制范围之内。设置反声罩后每座容积约 $8.2m^3$。观众厅设置两层楼座，既增加了声场的有效扩散，又可利用楼座栏板来增加对观众席的前次反射

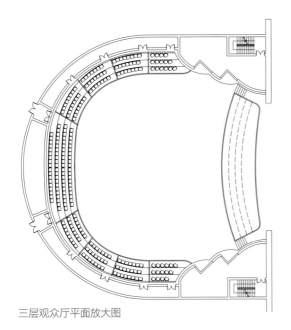

三层观众厅平面放大图

声。声、光控制室设置在池座后部。舞台呈品字形布置，主舞台宽 37.2m，深 24.2m，舞台面设计高度为 0.9m。弧线形的八字墙，有利于提供丰富的侧向早期反射声。对于歌剧演出，中频 500 ~ 1000Hz 的满场混响时间为 1.5 ± 0.1 秒；对交响乐演出，在舞台上增设音乐反声罩，混响时间在 1.7 秒左右。

音乐厅的功能定位需满足四管交响乐队演出，演出以自然声为主，电声作报幕等使用。音乐厅体形为椭圆形，观众厅长 34.1m，宽 31.6m。观众厅每座容积设计为 10m³，总容积控制在 8000m³ 左右。观众厅内设置中央池座和围绕观众厅的二层楼座包厢。跌落包厢式的设计可以丰富声场的有效扩散，同时利用包厢栏板来增加对池座观众席的前次反射声。声、光控制室设置在池座后部。演奏台形式为尽端式，宽深约 18m×10m，演奏台面的设计高度为 0.3m。声学设计时在舞台上空设置反射板来增加观众席的早期反射声，有效地通过声学设计缩短声程差；沿墙面设计 2 ~ 3m 的扩散造型，克服椭圆形平面产生的声聚焦现象。中频 500 ~ 1000Hz 的满场混响时间为 1.8±0.1 秒。

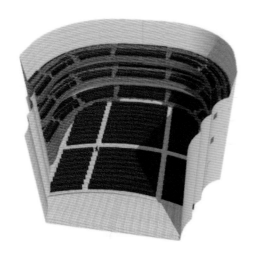

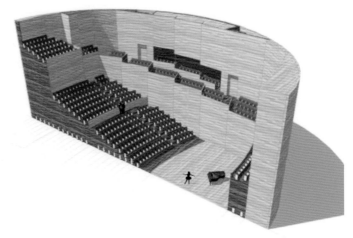

7.7 ——— 北京大学艺术学院与歌剧研究院

项目地点：北京
设计时间：2010 年 9 月
设计阶段：方案设计
用地面积：10651m²
建筑面积：36058m²

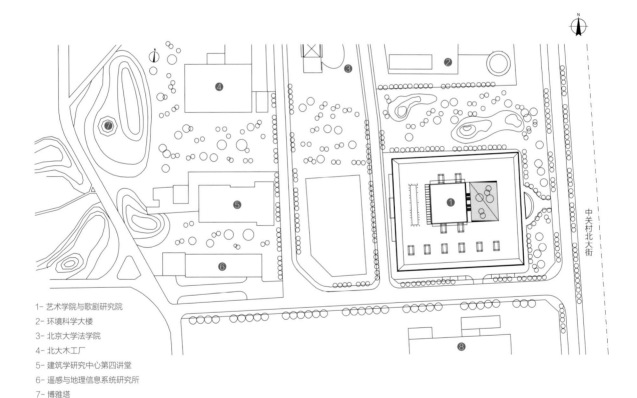

1- 艺术学院与歌剧研究院
2- 环境科学大楼
3- 北京大学法学院
4- 北大木工厂
5- 建筑学研究中心第四讲堂
6- 遥感与地理信息系统研究所
7- 博雅塔
8- 生命科学楼

总平面图

北京大学艺术学院与歌剧研究院项目位于北京大学成府园区，占地面积10651m²，东邻中关村北大街，南面为生命科学楼，北邻新建的环境科学大楼，地处北大校园与城市环境的交界处。整体建筑呼应地形呈立方体，东面借助绿地形成入口绿化广场，使建筑与城市道路有机衔接。西侧邻近校园，采用虚实结合的手法减少实体建筑对周边空间的压抑感。大楼包括艺术学院与歌剧研究院两个功能单位，均含有办公、教学空间。其中歌剧研究院包含一个歌剧场，另有公共使用的小音乐厅、美术馆、图书馆。项目的功能分区及流线较为复杂，建筑东面集中布置公共活动空间，西面布置教学办公活动用房，避免不同功能使用者流线的穿插。

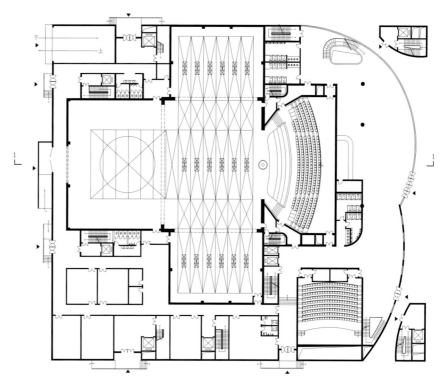

一层平面图

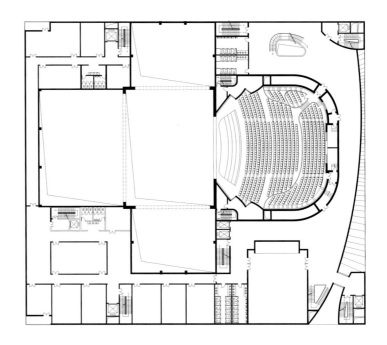

二层平面图

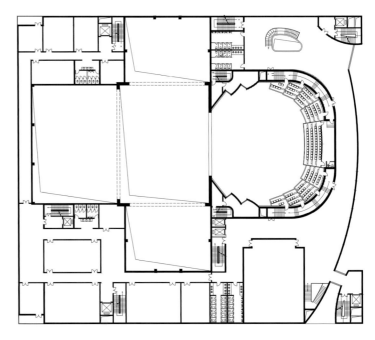

三层平面图

　　　　　　　　　　　　　　　　　　　视美与听悦　剧场观众厅设计的艺术与技术

北大校园建筑的坡屋顶承载着独特的场所记忆，本设计也应用简练的直线、曲线勾勒类似屋檐的出挑，形成特殊的构成效果。灰砖传统的砌筑方式在北大不同时期的建筑中均有所体现，也是北大建筑语言不可缺少的部分。设计中以花砖砌筑丰富立面表达效果，通过不同比例的放大和缩小，编织出不同效果的立面肌理，从而延续北大建筑的材质、色彩及校园气质，同时呼应艺术学院、歌剧研究院所代表的艺术领域的特性。

歌剧院剧场是建筑的主要功能之一，也是建筑中体量最大的空间。剧场观众厅为马蹄形平面，最宽处 29m，进深 26.6m。观众厅容积为 12300m^3，池座共 804 座，楼座共 140 座，平均每座容积 13 m^3。观众视线采用无遮挡设计，C 值取值均为 0.12m，池座最大水平视距为 26.3m，楼座最大斜线视距为 27.6m。剧场舞台为品字形舞台，设有可移动反声罩。演出形式以歌舞

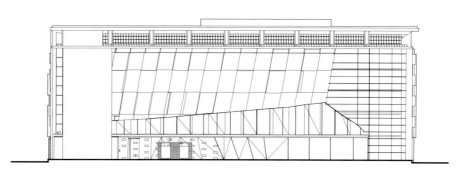

东立面图

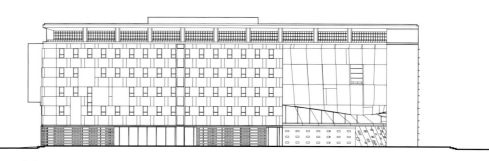

南立面图

为主兼顾语言要求。在音乐演出时使用音乐反射罩，以自然声为主，电声为辅。声学方面要求有足够的响度和语言清晰度，歌舞类演出有良好的音质丰满度。声学设计中充分利用直达声，加强短延时的近次反射声，在侧后墙进行适当的声扩散处理。对于观众厅有可能出现的回声及声聚焦等缺陷，在体形上进行相应处理，控制挑台栏板的倾斜角度确保池座部分可以得到更多的近次反射声。观众厅中频 500Hz 混响时间为 1.4 ～ 1.5 秒。

小音乐厅满场座位 200 个，为活动翻板式多功能座位。声学设计主要考虑以下几个方面：获得合适的混响时间和频率特性曲线；厅堂内各部位都应有足够的响度且声能均匀分布；合理控制反射声和低频混响，使多功能厅具有亲切感、环绕感和温暖感；厅堂内无回声、声聚焦等缺陷。设计中采用凸形反射板，既避免了声聚焦的产生，又丰富了室内空间。为控制厅内空调器气流噪声，采用座椅送风、集中回风的方式，相关的设备管道与设备用房也采取了相应的降噪处理。为满足音乐演出的音质丰满度，观众厅中频 500Hz 混响时间为 1.8 ～ 2.0 秒。

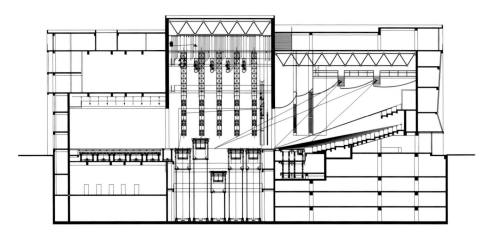

剖面图

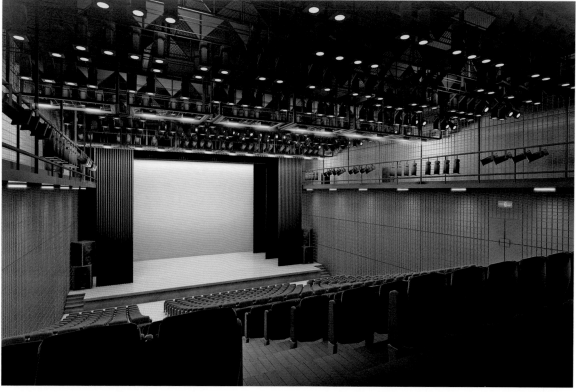

视美与听悦 剧场观众厅设计的艺术与技术

今天与明天的剧场
——
视美与听悦

结语————

剧场要重新汲取一种永远炙热、敏锐的诗的源头，才能吸引最遥远、最心不在焉的观众。

——法国戏剧理论家安托南·阿尔托

观演建筑的未来将更加充满戏剧性，将随着各种思想的影响而不断发展变化。虽然在具有高度可控技术的条件下，剧场电声可以具备各种可能，但是自然声演出的剧场仍然是无法取代的。同样，技术的发展也为舞台的艺术表现提供了巨大的空间，新兴的舞台艺术愈发多样，催生出更具创新性的剧场设计。同时，建筑师和艺术家也将在技术与艺术的结合中有更广泛的合作。

当今的戏剧作品既具有艺术性，又具有商业价值。今天的戏剧评价很难保持像过去那种客观态度，每部戏剧的上演，背后都有着日益强劲的市场推销、宣传和炒作，这让我们在评价时很难秉持一种冷静的态度。虽然很多戏剧在不断上演着过去的剧目，同时也将很多传统的戏剧工作方法保留了下来，但跨入 21 世纪后的戏剧，似乎孕育着新的时代的到来。

多维、多向的观众厅设计

剧场艺术是综合时间和空间维度的视觉艺术与听觉艺术。剧场舞台上的任何创作都是为最终体现完整的艺术效果而进行的，创作者通过光影、色彩或声音、节奏等元素进行表现，让观众看到、听到、感受到剧场中发生的一切。

随着技术的发展，灯光、音响设备及大型舞台器械的加入打造出了更为生动立体的剧场空间，可以在较短的时间内完成时间和空间的转换。但大型器械占据了剧场的表演空间，在场景转换时需要时间与人力配合，必然造成戏剧叙事连续性的中断，观众的思绪与情感也随之受到影响。20 世纪后半叶，数字技术发展迅猛并逐渐与传统剧场艺术产生关联。利用数字技术，在时间中交错不同的图像，在空间中转换不同的场景，突破了时空界限，改变了传统意义上单线叙事的剧场表演方式，剧场可以形成多维、多向的时空效果，从而打破了早期传统剧场通常使用布景来烘托表演氛围、通过演员的服化和道具等来简单模拟表演情景的技术局限性。

如今的剧场设计与戏剧作品，一直试图打破演员在舞台上进行表演、观众在台下观看表演这种普遍认知中的单一观演关系。通过数字影像能够改变这种空间界限，既能够拓宽演员的表演空间，又能改变观众的观演体验。在剧场空间加入数字影像能够拓展剧场的视觉意象空间，全视角的数字影像配合灯光、音乐等元素，使剧场呈现出视觉、听觉等感官的多维体验，拉近表演者与观演者之间的距离，使观众有身临其境之感。

运用数字技术可以通过数字影像创造出虚拟的舞台空间场景，真实的表演者与数字影像之间交互表演，拓展了剧场的空间边界。在剧场中加入数字影像，弥补了传统表演形式在视觉表达上的局限，填补视觉上的空当与单一，数字影像与表演者和观演者形成一种新的视觉互动体验。这样的视觉体验使表演者与观演者沉浸、交互在作品构建的世界之中，更容易触动人心，引起人的感动与思考。

声、光、电技术综合发展与延伸设计

除了多维、多向的视觉设计，新型声系统的出现也大大提升了剧场空间中的观演体验。从室内声场的模拟到扩声系统的应用，剧场声学技术不断发展，新型声系统取代了过去由一个主扩声系统配合其他环绕声扬声器加强音效的模式，在剧场中营造出逼真的声环境效果。

新型剧场声效模拟与传统方式中只是将正向扬声器加上辅助混音传送出

去，或是加上一些环绕声信号，其目标是使直达声在无任何辅助声的前提下被再造，均匀分布在观众席上方，与周围的扬声器网络形成发射声与混响，与直达声匹配，由此形成逼真的声环境。除了声场模拟的新技术外，用于提升剧场内声音效果的多维声系统在传统声道基础上，将银幕后主声道系统扩展为左、左中、中、右中、右五路，环绕声系统扩展为左、右、左后、右后、左顶、右顶、左后角、右后角八路。创作者根据演出情节轻松地让声音在剧场中任意位置出现，包括头顶上方，呈现出引人入胜的全景与多维音效，让观演者不只是在"看"演出，而且是身临其境般地"体验"场景。

剧场的光学设计同样受到数字技术发展的助力，呈现出全新的效果。数字化网络灯光控制系统可以随时将多台电脑灯光控制台连成一个局域网，网络系统内部的各个灯光控制台都是一个站点，可以独立操作也可以根据需要进行联合控制；也可以由多人同时在不同控制点控制同一场演出或者控制不同场次的演出，灯光系统的使用效率得以极大提升。这种灵活的灯光控制系统，能够激发出创作者与表演者更多的表达方式，烘托剧场内的表演氛围，让观众沉浸其中，引发内心的思索与触动。

声学、光电技术的发展突破了剧场空间环境的界限，各方向的新技术相互融合，互为补充，赋予了剧场艺术全新的生命力。借助新技术，在剧场中构建起逼近真实的虚拟形象和表演环境，带给观众全新的"沉浸式"审美体验，这与传统剧场艺术中致力于引发观众潜意识的虚拟意象、营造意境的方式不同。未来的剧场空间设计，应当能够容纳这样多元的艺术表达方式，让直观的具象表达或是含蓄的意象营造都能够在空间中感染到每一位观众。

跨学科领域的艺术发展与表达

剧场演出随着技术的发展呈现出一种多学科融合的趋势，跨界表达已经成为一种常态。跨界带来进一步的创新与交互，剧场艺术才有不断的扩展与进步。台湾著名舞台美术家聂光炎先生指出："今天的剧场设计，实在已经复杂到必须结合科技与艺术的程度，有时，甚至进入高科技的层次。"当下的剧场艺术需要跨学科领域，需要不断寻找剧场艺术新的外延与可能性，探索与架构新的观演关系与美学形态。

虚拟现实，英文名为 Virtual Reality，简称 VR 技术。这一名词是由美国 VPL 公司创建人拉尼尔（Jaron Lanier）在 20 世纪 80 年代初提出的，也称灵境技术或人工环境。作为一项尖端科技，虚拟现实集成了计算机图形技术、计算机仿真技术、人工智能、传感技术、显示技术、网络并行处理等技术的最新发展成果，是一种由计算机生成的高技术模拟系统。它最早源于美国军方的作战模拟系统，20 世纪 90 年代初逐渐为各界所关注，并且在商业领域得到了进一步的发展。这种技术的特点在于计算机产生一种人为虚拟的环境，这种虚拟的环境是通过计算机图形构成三维数字模型并编制到计算机中去，生成一个以视觉感受为主，也包括听觉、触觉的综合可感知的人工环境，从而使得在视觉上产生一种沉浸于这个环境的感觉，可以直接观察、操作、触摸、检测周围环境及事物的内在变化，并能与之发生"交互"作用，使人和计算机很好地"融为一体"。

运用虚拟现实技术创作的戏剧可以通过其多感知特点，运用视觉、听觉，甚至嗅觉、味觉、触觉反馈给观众，为其带来更为强烈的真实感。虚拟现实技术也大大增强了交互性，观众可以裸眼 360° 观看立体的虚拟影像，甚至可以和剧中的人物产生直接的相互作用。观众不但接受戏剧所表演的内容，还"亲身"介入到戏剧表演中，实现一种集体创作，催生新的戏剧观念的产生。而这种虚拟幻象与真实表演者和剧场空间的相互融合，为创作者、表演者和观演者的想象力提供了更为广阔的空间，使作品也具有了更多的可能性。

戏剧的发展总是伴随着人类的进步，随着材料工艺和技术水平的提高，剧场建筑也将会获得更多的重视和创新。舞台与观众厅的对话依然延续，观与演的互通还会再创造出更至美的场景和悦耳的声音。设计一座剧院很难，时间跨度大，技术要求高，但让设计师感到欣慰和自豪的是作品能够解决好所有的问题，产生视美与听悦的美妙空间，并不断向前发展。

从艺术表达中获得的愉悦或许是人类一直以来至高无上的精神品质。这种品质在不同程度上为全人类所具有，它从不排斥任何人。可以肯定的是，这一品质总是具有持续增长的潜能。享受美好的视觉和悦耳的声音，或者更普遍地说，享受艺术，是我们每个人都应当感激不尽的一项共有权利。

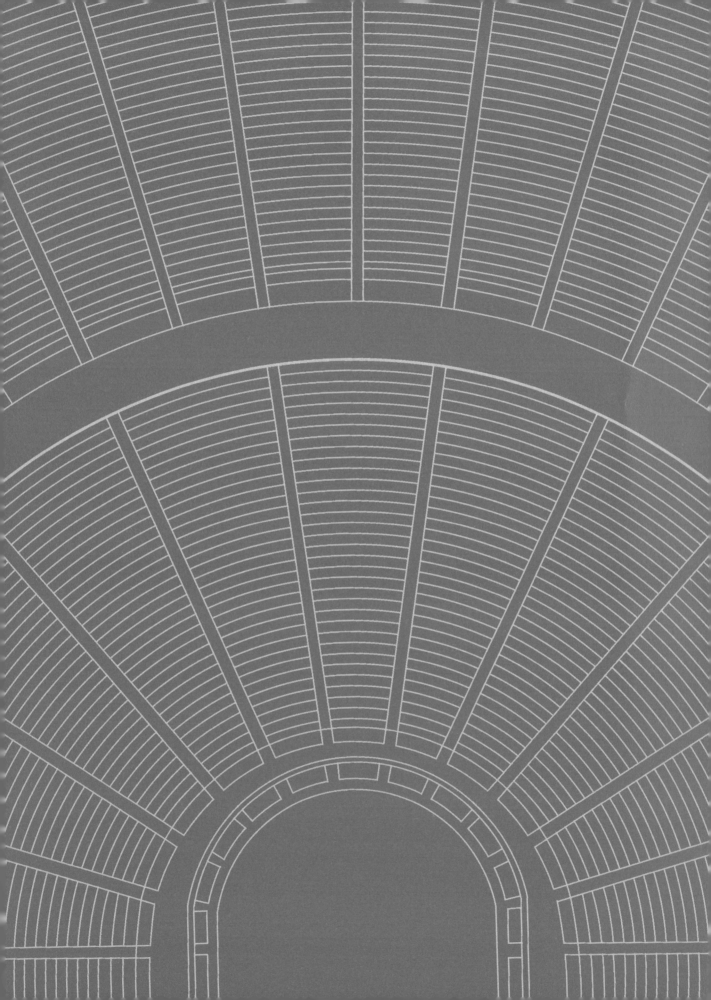

附录一　剧场设计基本资料

（1）观众厅类型：观众厅为设有固定座席的为观看演出用的空间。为了统筹协调视觉、听觉和建筑结构、消防等各因素的关系，观众厅平面形状一般设计为矩形、钟形、扇形、曲线形等几种固定的类型。

（2）楼座层数：与舞台同层的观众席为池座，池座上的楼层观众席为楼座。观众厅一般设有一层或多层楼座。

（3）座席数：厅堂中的座椅数。

（4）厅堂容积：在音乐厅中，容积包括正厅容积和乐队音乐罩容积。如有舞台罩，容积就不包括乐队音乐罩以外的舞台罩的容积。测量厅堂容积时就当厅堂中没有座椅一样。封闭挑台所占容积也不计。在歌剧院中，容积包括大幕以前的空间容积，不包括舞台罩或封闭挑台所占的容积。

（5）每座容积：容积与座席数的比值为每座容积。

（6）观众厅面积：包括安装座椅的地板面积和围绕各分隔座席区的走道的面积。

（7）每座面积：观众厅面积与座席数的比值为每座面积。

（8）混响时间：声能密度降为原来的 1/10~1/6 时所需的时间，相当于声压级衰变 60dB。某频率的混响时间是室内声音达到稳定状态，声源停止发声后残余声音在房间内反复经吸声材料吸收，平均声能密度自原始值衰变到百万分之一（声能密度衰减 60dB）所需的时间，用 T_{60} 或者 RT 表示。混响时间过短，声音发干，枯燥无味，不亲切自然；混响时间过长，会使声音含混不清；合适时声音圆润动听。

（9）面光：自观众顶部正面投向舞台的光，主要作用为人物正面照明及整台基本光铺染。

（10）耳光：位于舞台台口外观众厅两侧墙，从前侧交叉投射表演区以增强场景和人物立体效果的照明光位。或称台口外侧光、台口前侧光。

（11）耳光室：放置耳光设备的房间，位于舞台两侧。

（12）最大宽度：观众厅平行于台口方向的最大宽度。

（13）最远距离：舞台前沿到最远后墙之间的距离。

（14）最大视距：舞台前沿到最远观众的距离。

（15）水平视角：观众不转睛水平主向看屏幕、舞台、画边缘视线的夹角，叫水平视角 。不同的座席位置其水平视角大小不同，最大水平视角一般位于第一排中间座席处。最小水平视角一般位于最后排边缘处。

（16）最大俯视角：观众在座席处俯视舞台中心的视线与水平的夹角为俯视角。最大俯视角一般位于最高楼座的最后排。

（17）舞台台口：舞台向观众厅的开口。

（18）舞台台口宽度、舞台台口高度：歌剧、舞剧剧场，台口宽度为 12~16m，台口越大，舞台尺寸也随之加大。但我国近几年新建的很多剧场台口都加大至 18m 以上，台口高度加大至 8~11m，主要是为了增加观众座席数量。

（19）乐池：一般中型综合性使用的剧场可按双管乐队 45 人加合唱队 30 人计算；大型剧场以演舞剧、歌剧为主，应按三管乐队 60 人加合唱队 30 人计算。乐队所需面积：各乐位平均约 1m²，合唱队每人占 0.25~0.35 m²；所需乐池面积为：中型乐池约 55~60m²，大型歌舞乐池约 75~80 m²，特大型乐池约 100~120 m²。

（20）乐池宽度及长宽比例：乐队在乐池中的排列需要一定宽度，除指挥台外，至少能摆下两排乐位，需 4m 宽，大型乐池能摆下三排乐位，需 6m 宽。为了便于指挥和音响效果，长宽以 2:1 或 3:1 为好。中轴部分尽量加大。

（21）升降乐池：机械化舞台或综合性使用的剧场宜设升降乐池，升降乐池正常标高作乐池用，并可调整标高。升至池座前排地面可布置观众席；升至舞台可作舞台表演用；降至地下室可作运送钢琴、座椅用。

案例名称	阿姆斯特丹音乐厅 Amsterdam Concertgebouw			年代	1888	地区	荷兰	建筑 设计	Adolf Leonard van Gendt	声学 设计	*
属性	代码	信息	属性		代码	信息	属性		代码	信息	
观众厅类型	T	矩形	最大视距（m）		RVb	24.5	乐池升降高度（m）		OH	N/A	
楼座层数（层）	L	1	最大水平视角（°）		HVb	125.0	池座形式		ST	贯通式	
座席数（座）	N	2037	最小水平视角（°）		HVa	27.8	座椅排布对称性		CS	对称式	
容积（m³）	V	18780	最大俯视角（°）		VVb	30.7	座椅排布方式		CM	短排法	
每座容积（m³）	Va	9.2	最小俯视角（°）		VVa	10	座椅排布形式		CF	直线	
观众厅面积（m²）	S	1125	舞台台口宽度（m）		SW	N/A	楼座形式		BT	*	
每座面积（m²）	Sa	0.55	舞台台口高度（m）		SH	N/A	混响时间（s）		RT	2.0	
最大宽度（m）	Wb	28	演奏台面积（m²）		OS	160	面光桥道数（道）		STL	N/A	
最远距离（m）	Db	25.6	演奏台宽度（m）		OW	21.4	耳光室层数（层）		SILv	N/A	
最大高度（m）	Hb	19	演奏台进深（m）		OD	13.6	耳光室道数（道）		SILh	N/A	
案例编号	01		注：1. "*"代表数据不确定；2. "N/A"代表该属 性不适用该案例。				搜集整理			校对	

案例名称	巴黎伽涅尔歌剧院 Paris Opera Garnier			年代	1875	地区	法国	建筑 设计	伽涅尔	声学 设计	*
属性	代码	信息	属性		代码	信息	属性		代码	信息	
观众厅类型	T	马蹄形	最大视距（m）		RVb	32.3	乐池升降高度（m）		OH	*	
楼座层数（层）	L	4	最大水平视角（°）		HVb	112.4	池座形式		ST	跌落式	
座席数（座）	N	2131	最小水平视角（°）		HVa	38.4	座椅排布对称性		CS	对称式	
容积（m³）	V	10000	最大俯视角（°）		VVb	26.9	座椅排布方式		CM	短排法	
每座容积（m³）	Va	4.7	最小俯视角（°）		VVa	9.3	座椅排布形式		CF	弧线	
观众厅面积（m²）	S	1126	舞台台口宽度（m）		SW	16.3	楼座形式		BT	沿边挑 台式	
每座面积（m²）	Sa	0.52	舞台台口高度（m）		SH	14.3	混响时间（s）		RT	1.7	
最大宽度（m）	Wb	20.7	乐池面积（m²）		OS	78	面光桥道数（道）		STL	N/A	
最远距离（m）	Db	27.7	乐池宽度（m）		OW	18	耳光室层数（层）		SILv	N/A	
最大高度（m）	Hb	20.7	乐池进深（m）		OD	5	耳光室道数（道）		SILh	N/A	
案例编号	02		注：1. "*"代表数据不确定；2. "N/A"代表该属 性不适用该案例。				搜集整理	孙振亚		校对	王玮

案例名称	柏林爱乐音乐厅 Berlin Philharmonie		年代	1963	地区	德国	建筑 设计	Hans Scharoun	声学 设计	*
属性	代码	信息	属性	代码	信息	属性	代码	信息		
观众厅类型	T	多边形	最大视距（m）	RVb	30	乐池升降高度（m）	OH	N/A		
楼座层数（层）	L	0	最大水平视角（°）	HVb	N/A	池座形式	ST	跌落式		
座席数（座）	N	2215	最小水平视角（°）	HVa	N/A	座椅排布对称性	CS	非对称		
容积（m³）	V	21000	最大俯视角（°）	VVb	N/A	座椅排布方式	CM	短排法		
每座容积（m³）	Va	9	最小俯视角（°）	VVa	N/A	座椅排布形式	CF	直线		
观众厅面积（m²）	S	1385	舞台台口宽度（m）	SW	N/A	楼座形式	BT	跌落式		
每座面积（m²）	Sa	0.62	舞台台口高度（m）	SH	N/A	混响时间（s）	RT	空场2.2， 满场1.85		
最大宽度（m）	Wb	42.7	演奏台面积（m²）	OS	172.5	面光桥道数（道）	STL	N/A		
最远距离（m）	Db	29	演奏台宽度（m）	OW	18	耳光室层数（层）	SILv	N/A		
最大高度（m）	Hb	12.8	演奏台进深（m）	OD	12	耳光室道数（道）	SILh	N/A		
案例编号	03		注：1."*"代表数据不确定；2."N/A"代表该属 性不适用该案例。			搜集整理	王玮		校对	孙振亚

案例名称	拜罗伊特节日剧院 Bayreuth Festspielhaus		年代	1876	地区	德国	建筑 设计	瓦格纳	声学 设计	*
属性	代码	信息	属性	代码	信息	属性	代码	信息		
观众厅类型	T	扇形	最大视距（m）	RVb	33.8	乐池升降高度（m）	OH	3.6		
楼座层数（层）	L	2	最大水平视角（°）	HVb	88.7	池座形式	ST	贯通式		
座席数（座）	N	1800	最小水平视角（°）	HVa	26.5	座椅排布对称性	CS	对称		
容积（m³）	V	10308	最大俯视角（°）	VVb	24.7	座椅排布方式	CM	长排法		
每座容积（m³）	Va	5.7	最小俯视角（°）	VVa	19.9	座椅排布形式	CF	弧线		
观众厅面积（m²）	S	845	舞台台口宽度（m）	SW	10.4	楼座形式	BT	出挑式		
每座面积（m²）	Sa	0.47	舞台台口高度（m）	SH	9.7	混响时间（s）	RT	1.55		
最大宽度（m）	Wb	33.2	乐池面积（m²）	OS	34.5	面光桥道数（道）	STL	N/A		
最远距离（m）	Db	32.3	乐池宽度（m）	OW	17.2	耳光室层数（层）	SILv	N/A		
最大高度（m）	Hb	12.8	乐池进深（m）	OD	2.3	耳光室道数（道）	SILh	N/A		
案例编号	04		注：1."*"代表数据不确定；2."N/A"代表该属 性不适用该案例。			搜集整理	王玮		校对	孙振亚

案例名称	北京大学百周年纪念讲堂 Peking University Hall			年代	1998	地区	中国	建筑 设计	张祺	声学 设计	北京清大天龙科技发 展有限公司	
属性	代码	信息	属性		代码	信息	属性		代码	信息		
观众厅类型	T	多边形	最大视距（m）		RVb	38.5	乐池升降高度（m）		OH	2.2		
楼座层数（层）	L	1	最大水平视角（°）		HVb	107.9	池座形式		ST	跌落式		
座席数（座）	N	2167	最小水平视角（°）		HVa	31.9	座椅排布对称性		CS	对称式		
容积（m³）	V	13500	最大俯视角（°）		VVb	16.9	座椅排布方式		CM	短排法		
每座容积（m³）	Va	6.3	最小俯视角（°）		VVa	0.9	座椅排布形式		CF	弧线		
观众厅面积（m²）	S	1585	舞台台口宽度（m）		SW	18	楼座形式		BT	N/A		
每座面积（m²）	Sa	0.7	舞台台口高度（m）		SH	9	混响时间（s）		RT	1.3±0.1		
最大宽度（m）	Wb	35.2	乐池面积（m²）		OS	95	面光桥道数（道）		STL	2		
最远距离（m）	Db	36.6	乐池宽度（m）		OW	19	耳光室层数（层）		SILv	2		
最大高度（m）	Hb	16.5	乐池进深（m）		OD	5.2	耳光室道数（道）		SILh	1		
案例编号	05		注：1."*"代表数据不确定；2."N/A"代表该属 性不适用该案例。				搜集整理		吴凡	校对	张伟	

案例名称	波士顿交响乐厅 Boston Symphony Hall			年代	1900	地区	美国	建筑 设计	查尔斯·麦克基姆	声学 设计	华莱士·赛宾	
属性	代码	信息	属性		代码	信息	属性		代码	信息		
观众厅类型	T	矩形	最大视距（m）		RVb	40.5	乐池升降高度（m）		OH	N/A		
楼座层数（层）	L	2	最大水平视角（°）		HVb	135.6	池座形式		ST	跌落式		
座席数（座）	N	2625	最小水平视角（°）		HVa	23.4	座椅排布对称性		CS	对称式		
容积（m³）	V	18750	最大俯视角（°）		VVb	13.4	座椅排布方式		CM	短排法		
每座容积（m³）	Va	7.1	最小俯视角（°）		VVa	0	座椅排布形式		CF	弧线		
观众厅面积（m²）	S	1370	舞台台口宽度（m）		SW	17.8	楼座形式		BT	沿边挑 台式		
每座面积（m²）	Sa	0.52	舞台台口高度（m）		SH	14.4	混响时间（s）		RT	1.9		
最大宽度（m）	Wb	22.9	演奏台面积（m²）		OS	152	面光桥道数（道）		STL	N/A		
最远距离（m）	Db	39.5	演奏台宽度（m）		OW	17	耳光室层数（层）		SILv	N/A		
最大高度（m）	Hb	18.6	演奏台进深（m）		OD	10	耳光室道数（道）		SILh	N/A		
案例编号	06		注：1."*"代表数据不确定；2."N/A"代表该属 性不适用该案例。				搜集整理		杨曦	校对	陈冠锦	

案例名称	广州歌剧院 Guangzhou Opera House			年代	2011	地区	中国	建筑 设计	扎哈·哈迪德	声学 设计	马歇尔戴声学设计	
属性	代码	信息	属性		代码	信息	属性		代码	信息		
观众厅类型	T	多边形	最大视距（m）		RVb	36.3	乐池升降高度（m）		OH	6		
楼座层数（层）	L	2	最大水平视角（°）		HVb	96.6	池座形式		ST	贯通式		
座席数（座）	N	1800	最小水平视角（°）		HVa	32.5	座椅排布对称性		CS	非对称式		
容积（m³）	V	15000	最大俯视角（°）		VVb	27.3	座椅排布方式		CM	短排法		
每座容积（m³）	Va	8.3	最小俯视角（°）		VVa	7.5	座椅排布形式		CF	弧线		
观众厅面积（m²）	S	1995	舞台台口宽度（m）		SW	18	楼座形式		BT	跌落式		
每座面积（m²）	Sa	1.1	舞台台口高度（m）		SH	12	混响时间（s）		RT	1.4~1.6		
最大宽度（m）	Wb	35	乐池面积（m²）		OS	110	面光桥道数（道）		STL	2		
最远距离（m）	Db	38	乐池宽度（m）		OW	20	耳光室层数（层）		SILv	3		
最大高度（m）	Hb	20.3	乐池进深（m）		OD	6.3	耳光室道数（道）		SILh	2		
案例编号	07		注：1."*"代表数据不确定；2."N/A"代表该属 性不适用该案例。				搜集整理		张伟	校对		吴凡

案例名称	国家大剧院歌剧厅 Opera Hall，National Center for the Performing Arts			年代	2007	地区	中国	建筑 设计	保罗·安德鲁	声学 设计	法国 CSTB 研究所 （清华大学建筑学院 配合）	
属性	代码	信息	属性		代码	信息	属性		代码	信息		
观众厅类型	T	马蹄形	最大视距（m）		RVb	36	乐池升降高度（m）		OH	12		
楼座层数（层）	L	3	最大水平视角（°）		HVb	92	池座形式		ST	跌落式		
座席数（座）	N	2354	最小水平视角（°）		HVa	27	座椅排布对称性		CS	对称式		
容积（m³）	V	18900	最大俯视角（°）		VVb	31	座椅排布方式		CM	短排法		
每座容积（m³）	Va	7.8	最小俯视角（°）		VVa	*	座椅排布形式		CF	弧线		
观众厅面积（m²）	S	1321	舞台台口宽度（m）		SW	18.6	楼座形式		BT	沿边挑 台式		
每座面积（m²）	Sa	0.56	舞台台口高度（m）		SH	14	混响时间（s）		RT	1.5		
最大宽度（m）	Wb	35.6	乐池面积（m²）		OS	114.5	面光桥道数（道）		STL	3		
最远距离（m）	Db	38	乐池宽度（m）		OW	24	耳光室层数（层）		SILv	2		
最大高度（m）	Hb	*	乐池进深（m）		OD	5.4	耳光室道数（道）		SILh	1		
案例编号	08		注：1."*"代表数据不确定；2."N/A"代表该属 性不适用该案例。				搜集整理		姚文博	校对		杨悦

案例名称		黄河口大剧院 Yellow River Grand Theatre			年代	2015	地区	中国	建筑设计		张祺	声学设计	北京清大天龙科技发展有限公司
属性	代码	信息	属性		代码	信息	属性		代码		信息		
观众厅类型	T	马蹄形	最大视距（m）		RVb	29.5	乐池升降高度（m）		OH		5.15		
楼座层数（层）	L	3	最大水平视角（°）		HVb	88.6	池座形式		ST		跌落式		
座席数（座）	N	1343	最小水平视角（°）		HVa	34.3	座椅排布对称性		CS		对称式		
容积（m³）	V	*	最大俯视角（°）		VVb	29.9	座椅排布方式		CM		短排法		
每座容积（m³）	Va	*	最小俯视角（°）		VVa	1.3	座椅排布形式		CF		弧线		
观众厅面积（m²）	S	1290	舞台台口宽度（m）		SW	18	楼座形式		BT		沿边挑台式		
每座面积（m²）	Sa	0.9	舞台台口高度（m）		SH	12	混响时间（s）		RT		1.4~1.5		
最大宽度（m）	Wb	33.5	乐池面积（m²）		OS	85	面光桥道数（道）		STL		2		
最远距离（m）	Db	29.5	乐池宽度（m）		OW	19	耳光室层数（层）		SILv		3		
最大高度（m）	Hb	20	乐池进深（m）		OD	5	耳光室道数（道）		SILh		2		
案例编号	09		注：1."*"代表数据不确定；2."N/A"代表该属性不适用该案例。				搜集整理		吴凡		校对	张伟	

案例名称		江西艺术 中心 Jiangxi Art Center			年代	2010	地区	中国	建筑设计		张祺	声学设计	清华大学建筑学院
属性	代码	信息	属性		代码	信息	属性		代码		信息		
观众厅类型	T	马蹄形	最大视距（m）		RVb	34	乐池升降高度（m）		OH		4.8		
楼座层数（层）	L	2	最大水平视角（°）		HVb	92.1	池座形式		ST		跌落式		
座席数（座）	N	1462	最小水平视角（°）		HVa	29.8	座椅排布对称性		CS		对称式		
容积（m³）	V	*	最大俯视角（°）		VVb	29.6	座椅排布方式		CM		短排法		
每座容积（m³）	Va	*	最小俯视角（°）		VVa	2.4	座椅排布形式		CF		弧线		
观众厅面积（m²）	S	1330	舞台台口宽度（m）		SW	18	楼座形式		BT		包厢式		
每座面积（m²）	Sa	0.9	舞台台口高度（m）		SH	12	混响时间（s）		RT		1.4~1.5		
最大宽度（m）	Wb	30.5	乐池面积（m²）		OS	75	面光桥道数（道）		STL		3		
最远距离（m）	Db	34.5	乐池宽度（m）		OW	20	耳光室层数（层）		SILv		3		
最大高度（m）	Hb	20	乐池进深（m）		OD	4	耳光室道数（道）		SILh		2		
案例编号	10		注：1."*"代表数据不确定；2."N/A"代表该属性不适用该案例。				搜集整理		吴凡		校对	张伟	

案例名称	科隆大剧院 Teatro Colon			年代	1908	地区	阿根廷	建筑 设计	Victor Meano	声学 设计	*	
属性	代码	信息	属性		代码	信息	属性		代码	信息		

属性	代码	信息	属性	代码	信息	属性	代码	信息
观众厅类型	T	马蹄形	最大视距（m）	RVb	43	乐池升降高度（m）	OH	12 *
楼座层数（层）	L	6	最大水平视角（°）	HVb	100.6	池座形式	ST	贯通式
座席数（座）	N	2487	最小水平视角（°）	HVa	32.2	座椅排布对称性	CS	对称式
容积（m³）	V	20570	最大俯视角（°）	VVb	27.7	座椅排布方式	CM	短排法
每座容积（m³）	Va	8.3	最小俯视角（°）	VVa	3.3	座椅排布形式	CF	弧线
观众厅面积（m²）	S	1410	舞台台口宽度（m）	SW	19	楼座形式	BT	沿边挑台式
每座面积（m²）	Sa	0.57	舞台台口高度（m）	SH	24.4	混响时间（s）	RT	1.8
最大宽度（m）	Wb	24.4	乐池面积（m²）	OS	171	面光桥道数（道）	STL	*
最远距离（m）	Db	34.4	乐池宽度（m）	OW	30	耳光室层数（层）	SILv	*
最大高度（m）	Hb	26.5	乐池进深（m）	OD	5.7	耳光室道数（道）	SILh	*
案例编号	11		注：1."*"代表数据不确定；2."N/A"代表该属性不适用该案例。			搜集整理	苏嶂	校对	王媛

案例名称	肯尼迪演艺中心歌剧院 J.F.K Centre for the Porforming Arts，Opera House			年代	1971	地区	美国	建筑 设计	爱德华·斯通	声学 设计	Cyril.M.Harris	
属性	代码	信息	属性		代码	信息	属性		代码	信息		

属性	代码	信息	属性	代码	信息	属性	代码	信息
观众厅类型	T	钟形	最大视距（m）	RVb	35.1	乐池升降高度（m）	OH	2.65
楼座层数（层）	L	4	最大水平视角（°）	HVb	104.7	池座形式	ST	跌落式
座席数（座）	N	2142	最小水平视角（°）	HVa	23.2	座椅排布对称性	CS	对称式
容积（m³）	V	13027	最大俯视角（°）	VVb	24.9	座椅排布方式	CM	短排法
每座容积（m³）	Va	6.1	最小俯视角（°）	VVa	1.4	座椅排布形式	CF	弧线
观众厅面积（m²）	S	1289	舞台台口宽度（m）	SW	16	楼座形式	BT	出挑式
每座面积（m²）	Sa	0.602	舞台台口高度（m）	SH	14.5	混响时间（s）	RT	1.5
最大宽度（m）	Wb	31.7	乐池面积（m²）	OS	109	面光桥道数（道）	STL	2
最远距离（m）	Db	32	乐池宽度（m）	OW	20.2	耳光室层数（层）	SILv	3
最大高度（m）	Hb	17.1	乐池进深（m）	OD	5.4	耳光室道数（道）	SILh	1
案例编号	12		注：1."*"代表数据不确定；2."N/A"代表该属性不适用该案例。			搜集整理	杨曦	校对	陈冠锦

案例名称	伦敦皇家剧院 Royal Opera House			年代	1958	地区	英国	建筑设计	Edward Barry	声学设计	*	
属性	代码	信息	属性		代码	信息		属性		代码	信息	
观众厅类型	T	马蹄形	最大视距（m）		RVb	35.9		乐池升降高度（m）		OH	*	
楼座层数（层）	L	4	最大水平视角（°）		HVb	111.8		池座形式		ST	贯通式	
座席数（座）	N	2120	最小水平视角（°）		HVa	38.4		座椅排布对称性		CS	对称式	
容积（m³）	V	12250	最大俯视角（°）		VVb	26.9		座椅排布方式		CM	短排法	
每座容积（m³）	Va	5.8	最小俯视角（°）		VVa	15.6		座椅排布形式		CF	直线	
观众厅面积（m²）	S	1360	舞台台口宽度（m）		SW	14.9		楼座形式		BT	沿边挑台式	
每座面积（m²）	Sa	0.64	舞台台口高度（m）		SH	12.2		混响时间（s）		RT	1.7	
最大宽度（m）	Wb	24.4	乐池面积（m²）		OS	62.2		面光桥道数（道）		STL	N/A	
最远距离（m）	Db	39.6	乐池宽度（m）		OW	16.4		耳光室层数（层）		SILv	N/A	
最大高度（m）	Hb	25	乐池进深（m）		OD	4.8		耳光室道数（道）		SILh	N/A	
案例编号	13		注：1."*"代表数据不确定；2."N/A"代表该属性不适用该案例。					搜集整理	孙振亚	校对	王玮	

案例名称	纽约大都会歌剧院 Metropolitan Opera House			年代	1966	地区	美国	建筑设计	华莱士·哈里森	声学设计	西里尔·哈里斯	
属性	代码	信息	属性		代码	信息		属性		代码	信息	
观众厅类型	T	扇型	最大视距（m）		RVb	54.8		乐池升降高度（m）		OH	8.5	
楼座层数（层）	L	4	最大水平视角（°）		HVb	89.3		池座形式		ST	跌落式	
座席数（座）	N	3816	最小水平视角（°）		HVa	17.5		座椅排布对称性		CS	对称式	
容积（m³）	V	24724	最大俯视角（°）		VVb	26.9		座椅排布方式		CM	短排法	
每座容积（m³）	Va	6.5	最小俯视角（°）		VVa	0.1		座椅排布形式		CF	弧线	
观众厅面积（m²）	S	2262	舞台台口宽度（m）		SW	30		包厢形式		BT	出挑式+包厢式	
每座面积（m²）	Sa	0.59	舞台台口高度（m）		SH	33.6		混响时间（s）		RT	1.7	
最大宽度（m）	Wb	33.5	乐池面积（m²）		OS	132		面光桥道数（道）		STL	3	
最远距离（m）	Db	39.6	乐池宽度（m）		OW	22		耳光室层数（层）		SILv	1	
最大高度（m）	Hb	25.1	乐池进深（m）		OD	6.8		耳光室道数（道）		SILh	1	
案例编号	14		注：1."*"代表数据不确定；2."N/A"代表该属性不适用该案例。					搜集整理	杨曦	校对	陈冠锦	

案例名称		青海大剧院 Qinghai Theater		年代	2012	地区	中国	建筑设计	张祺	声学设计	北京清大天龙科技发展有限公司
属性	代码	信息	属性		代码	信息		属性		代码	信息
观众厅类型	T	马蹄形	最大视距（m）		RVb	33.1		乐池升降高度（m）		OH	4.5
楼座层数（层）	L	1	最大水平视角（°）		HVb	92.3		池座形式		ST	跌落式
座席数（座）	N	1200	最小水平视角（°）		HVa	34		座椅排布对称性		CS	对称式
容积（m³）	V	9360*	最大俯视角（°）		VVb	23.7		座椅排布方式		CM	短排法
每座容积（m³）	Va	7.8*	最小俯视角（°）		VVa	2.4		座椅排布形式		CF	弧线
观众厅面积（m²）	S	1000	舞台台口宽度（m）		SW	18		楼座形式		BT	出挑式
每座面积（m²）	Sa	0.83	舞台台口高度（m）		SH	10		混响时间（s）		RT	1.4 ~ 1.5
最大宽度（m）	Wb	33	乐池面积（m²）		OS	85		面光桥道数（道）		STL	2
最远距离（m）	Db	33.1	乐池宽度（m）		OW	20		耳光室层数（层）		SILv	2
最大高度（m）	Hb	18	乐池进深（m）		OD	4.5		耳光室道数（道）		SILh	2
案例编号	15		注：1.“*”代表数据不确定；2.“N/A”代表该属性不适用该案例。				搜集整理	吴凡		校对	张伟

案例名称		日本新国立剧场歌剧院 New National Theatre，Opera House		年代	1997	地区	日本	建筑设计	柳泽孝彦	声学设计	Leo Beranek
属性	代码	信息	属性		代码	信息		属性		代码	信息
观众厅类型	T	扇形	最大视距（m）		RVb	36		乐池升降高度（m）		OH	5.7
楼座层数（层）	L	3	最大水平视角（°）		HVb	84.5		池座形式		ST	贯通式
座席数（座）	N	1810	最小水平视角（°）		HVa	27.4		座椅排布对称性		CS	对称式
容积（m³）	V	14500	最大俯视角（°）		VVb	29.2		座椅排布方式		CM	短排法
每座容积（m³）	Va	8	最小俯视角（°）		VVa	3.5		座椅排布形式		CF	弧线
观众厅面积（m²）	S	1153	舞台台口宽度（m）		SW	16.0		包厢形式		BT	跌落式
每座面积（m²）	Sa	0.64	舞台台口高度（m）		SH	12.5		混响时间（s）		RT	1.5
最大宽度（m）	Wb	33.6	乐池面积（m²）		OS	102		面光桥道数（道）		STL	N/A
最远距离（m）	Db	35.7	乐池宽度（m）		OW	17.6		耳光室层数（层）		SILv	2
最大高度（m）	Hb	30.5	乐池进深（m）		OD	6.2		耳光室道数（道）		SILh	2
案例编号	16		注：1.“*”代表数据不确定；2.“N/A”代表该属性不适用该案例。				搜集整理	杨悦		校对	姚文博

案例名称		斯卡拉歌剧院 Teatro alla Scala		年代	1778	地区	意大利	建筑 设计	Giuseppe Piermarini	声学 设计		*
属性	代码	信息	属性		代码	信息		属性		代码		信息
观众厅类型	T	马蹄形	最大视距（m）		RVb	32		乐池升降高度（m）		OH		4.9
楼座层数（层）	L	6	最大水平视角（°）		HVb	108.4		池座形式		ST		贯通式
座席数（座）	N	2289	最小水平视角（°）		HVa	20.8		座椅排布对称性		CS		对称
容积（m³）	V	11252	最大俯视角（°）		VVb	24.6		座椅排布方式		CM		短排法
每座容积（m³）	Va	4.9	最小俯视角（°）		VVa	0		座椅排布形式		CF		弧线
观众厅面积（m²）	S	1300	舞台台口宽度（m）		SW	15		楼座形式		BT		包厢式
每座面积（m²）	Sa	0.57	舞台台口高度（m）		SH	13		混响时间（s）		RT		1.25
最大宽度（m）	Wb	20.1	乐池面积（m²）		OS	125.4		面光桥道数（道）		STL		N/A
最远距离（m）	Db	30.2	乐池宽度（m）		OW	19.6		耳光室层数（层）		SILv		N/A
最大高度（m）	Hb	19.2	乐池进深（m）		OD	6.4		耳光室道数（道）		SILh		N/A
案例编号	17		注：1."*"代表数据不确定；2."N/A"代表该属 性不适用该案例。					搜集整理	王玮	校对		孙振亚

案例名称		通辽大剧院 Tongliao Grand Theatre		年代	在建	地区	中国	建筑 设计	张祺	声学 设计		北京清大天龙科技发 展有限公司
属性	代码	信息	属性		代码	信息		属性		代码		信息
观众厅类型	T	钟形	最大视距（m）		RVb	32		乐池升降高度（m）		OH		4.35
楼座层数（层）	L	3	最大水平视角（°）		HVb	91		池座形式		ST		跌落式
座席数（座）	N	1496	最小水平视角（°）		HVa	30.9		座椅排布对称性		CS		对称式
容积（m³）	V	11500	最大俯视角（°）		VVb	28		座椅排布方式		CM		短排法
每座容积（m³）	Va	7.5	最小俯视角（°）		VVa	1.3		座椅排布形式		CF		弧线
观众厅面积（m²）	S	1300	舞台台口宽度（m）		SW	18		楼座形式		BT		沿边挑 台式
每座面积（m²）	Sa	0.87	舞台台口高度（m）		SH	10		混响时间（s）		RT		1.5±0.1
最大宽度（m）	Wb	33.1	乐池面积（m²）		OS	85		面光桥道数（道）		STL		2
最远距离（m）	Db	32.6	乐池宽度（m）		OW	20.5		耳光室层数（层）		SILv		2
最大高度（m）	Hb	17	乐池进深（m）		OD	4.4		耳光室道数（道）		SILh		2
案例编号	18		注：1."*"代表数据不确定；2."N/A"代表该属 性不适用该案例。					搜集整理	吴凡	校对		张伟

案例名称		维也纳金色大厅 Grosser Musikvereinssaal		年代	1870	地区	奥地利	建筑 设计	奥菲尔·汉森	声学 设计		*
属性	代码	信息		属性	代码	信息		属性		代码	信息
观众厅类型	T	矩形		最大视距（m）	RVb	40.2		乐池升降高度（m）		OH	N/A
楼座层数（层）	L	2		最大水平视角（°）	HVb	168.5		池座形式		ST	贯通式
座席数（座）	N	1680		最小水平视角（°）	HVa	29.4		座椅排布对称性		CS	对称
容积（m³）	V	15000		最大俯视角（°）	VVb	17.7		座椅排布方式		CM	短排法
每座容积（m³）	Va	8.9		最小俯视角（°）	VVa	14.1		座椅排布形式		CF	直线
观众厅面积（m²）	S	955		舞台台口宽度（m）	SW	13		楼座形式		BT	沿边挑 台式
每座面积（m²）	Sa	0.57		舞台台口高度（m）	SH	12.4		混响时间（s）		RT	2.0
最大宽度（m）	Wb	19.8		演奏台面积（m²）	OS	174		面光桥道数（道）		STL	N/A
最远距离（m）	Db	35.7		演奏台宽度（m）	OW	19.8		耳光室层数（层）		SILv	N/A
最大高度（m）	Hb	17.4		演奏台进深（m）	OD	8.7		耳光室道数（道）		SILh	N/A
案例编号		19		注：1."*"代表数据不确定；2."N/A"代表该属 性不适用该案例。				搜集整理	王玮		校对	孙振亚

案例名称		悉尼歌剧院 Sydney Opera House		年代	1973	地区	澳大 利亚	建筑 设计	约翰·伍重	声学 设计		洛萨·克莱尔
属性	代码	信息		属性	代码	信息		属性		代码	信息
观众厅类型	T	多边形		最大视距（m）	RVb	44.5		乐池升降高度（m）		OH	9.6
楼座层数（层）	L	2		最大水平视角（°）	HVb	117		池座形式		ST	贯通式
座席数（座）	N	2679		最小水平视角（°）	HVa	39.6		座椅排布对称性		CS	对称式
容积（m³）	V	24600		最大俯视角（°）	VVb	23.7		座椅排布方式		CM	长排法
每座容积（m³）	Va	9.2		最小俯视角（°）	VVa	13.3		座椅排布形式		CF	弧线
观众厅面积（m²）	S	1563		舞台台口宽度（m）	SW	11		楼座形式		BT	包厢式
每座面积（m²）	Sa	0.58		舞台台口高度（m）	SH	7		混响时间（s）		RT	2.2
最大宽度（m）	Wb	33.2		乐池面积（m²）	OS	*		面光桥道数（道）		STL	*
最远距离（m）	Db	31.7		乐池宽度（m）	OW	*		耳光室层数（层）		SILv	*
最大高度（m）	Hb	16.8		乐池进深（m）	OD	*		耳光室道数（道）		SILh	*
案例编号		20		注：1."*"代表数据不确定；2."N/A"代表该属 性不适用该案例。				搜集整理	苏嶂		校对	王媛

图片来源

图号	图名	形式	来源
1-1-1	佤族新火节仪式	照片	百度百科.取新火[Z/OL].(2015-11-09)[2021-05-25].https：//baike.baidu.com/item/%E5%8F%96%E6%96%B0%E7%81%AB.
1-1-2	跳岭头节表演	照片	百度百科.灵山岭头节[Z/OL].(2021-01-28)[2021-05-25].https：//baike.baidu.com/item/%E7%81%B5%E5%B1%B1%E5%B2%AD%E5%A4%B4%E8%8A%82/7771403?fr=aladdin
1-2-1	希腊时期典型剧场	摹绘	李道增,傅英杰.西方戏剧·剧场史(上)[M].北京：清华大学出版社,1999.
1-3-1	宋代的瓦子	摹绘	百度百科.瓦子[Z/OL].(2018-08-09)[2021-05-25].https：//baike.baidu.com/item/%E7%93%A6%E5%AD%90/7248117.
1-3-2	北京安徽会馆内景透视	摹绘	百问百科.戏剧剧场.[Z/OL].(2016-10-28)[2021-05-25.].http：//www.baiven.com/baike/224/288172.html.
1-3-3	北京湖广会馆一层平面图	摹绘	薛林平,王季卿.山西传统剧场建筑[M].北京：中国建筑工业出版社,2005.
1-3-4	北京湖广会馆二层平面图	摹绘	
1-3-5	颐和园德和园大戏楼平面图	摹绘	
1-3-6	颐和园德和园大戏楼剖面图	摹绘	
1-3-7	颐和园德和园大戏楼演出照片	照片	周冉.颐和园·戏游记：来自百年古戏楼的"潮"戏曲[J].国家人文历史,2020(10)：20-25.
1-3-8	狄俄尼索斯剧场(酒神剧场)	自绘	
1-3-9	狄俄尼索斯剧场(酒神剧场)平面图	摹绘	李道增,傅英杰.西方戏剧·剧场史(上)[M].北京：清华大学出版社,1999.
1-3-10	狄俄尼索斯剧场(酒神剧场)透视图	摹绘	斯图尔特·罗斯.古代文明惊奇透视：古希腊[M].北京：清华大学出版社,2016.
1-3-11	斯卡拉歌剧院平面图	扫描	IZENOUR G C.Theater Design[M]. 2nd ed. New Haven：Yale University,1996.
1-3-12	斯卡拉歌剧院 B-B 剖面图	扫描	
1-3-13	斯卡拉歌剧院观众厅剖面图	摹绘	白瑞纳克.音乐厅和歌剧院[M].王季卿,等译.上海：同济大学出版社,2002.
1-3-14	斯卡拉歌剧院 A-A 剖透视	扫描	IZENOUR G C.Theater Design[M]. 2nd ed. New Haven：Yale University,1996.
1-3-15	斯卡拉歌剧院观众厅平面图	摹绘	白瑞纳克.音乐厅和歌剧院[M].王季卿,等译.上海：同济大学出版社,2002.
1-3-16	斯卡拉歌剧院内景照片	照片	
1-3-17	澳门岗顶剧院平面图	摹绘	卢向东.中国现代剧场的演进——从大舞台到大剧院[M].北京：中国建筑工业出版社,2009.
1-3-18	澳门岗顶剧院立面图	摹绘	澳门世界遗产官网.岗顶剧院[EB/OL].[2021-05-25] https：//www.wh.mo/gb/site/detail/8.
1-3-19	澳门岗顶剧院剖面图	摹绘	卢向东.中国现代剧场的演进——从大舞台到大剧院[M].北京：中国建筑工业出版社,2009.

图号	图名	形式	来源
1-3-20	维也纳金色大厅池座平面图	扫描	IZENOUR G C.Theater Design[M]. 2nd ed. New Haven：Yale University，1996.
1-3-21	维也纳金色大厅楼座平面图	摹绘	白瑞纳克 . 音乐厅和歌剧院 [M]. 王季卿，等译 . 上海：同济大学出版社，2002.
1-3-22	维也纳金色大厅剖面图	摹绘	
1-3-23	维也纳金色大厅 B-B 剖面图	扫描	IZENOUR G C.Theater Design[M]. 2nd ed. New Haven：Yale University，1996.
1-3-24	维也纳金色大厅内景照片	照片	白瑞纳克 . 音乐厅和歌剧院 [M]. 王季卿，等译 . 上海：同济大学出版社，2002.
1-3-25	维也纳金色大厅 A-A 剖透视	扫描	IZENOUR G C.Theater Design[M]. 2nd ed. New Haven：Yale University，1996.
1-3-26	拜罗伊特节日剧院平面图	扫描	
1-3-27	拜罗伊特节日剧院剖面图	摹绘	白瑞纳克 . 音乐厅和歌剧院 [M]. 王季卿，等译 . 上海：同济大学出版社，2002.
1-3-28	拜罗伊特节日剧院剖透视	扫描	IZENOUR G C.Theater Design[M]. 2nd ed. New Haven：Yale University，1996.
1-3-29	拜罗伊特节日剧院内景照片	照片	白瑞纳克 . 音乐厅和歌剧院 [M]. 王季卿，等译 . 上海：同济大学出版社，2002.
1-3-30	柏林爱乐音乐厅平面图	摹绘	
1-3-31	柏林爱乐音乐厅剖面图	摹绘	
1-3-32	柏林爱乐音乐厅内景照片	照片	张三明 摄
1-3-33	柏林爱乐音乐厅剖透视	扫描	IZENOUR G C.Theater Design[M]. 2nd ed. New Haven：Yale University，1996.
1-3-34	纽约大都会歌剧院一层平面图	扫描	
1-3-35	纽约大都会歌剧院三层楼座平面图	摹绘	白瑞纳克 . 音乐厅和歌剧院 [M]. 王季卿，等译 . 上海：同济大学出版社，2002.
1-3-36	纽约大都会歌剧院五层楼座平面图	摹绘	
1-3-37	纽约大都会歌剧院剖面图	摹绘	
1-3-38	纽约大都会歌剧院 A-A 剖透视	扫描	IZENOUR G C.Theater Design[M]. 2nd ed. New Haven：Yale University，1996.
1-3-39	纽约大都会歌剧院 B-B 剖面图	扫描	
1-3-40	纽约大都会歌剧院内景照片	照片	白瑞纳克 . 音乐厅和歌剧院 [M]. 王季卿，等译 . 上海：同济大学出版社，2002.
1-3-41	千禧公园露天音乐厅照片	照片	岳华 . 城市公共空间之市民性的思考——以美国芝加哥千禧公园为例 [J]. 华中建筑，2014（3）109-114.
1-3-42	千禧公园露天音乐厅声学设计	自绘	
2-1-1	皇家阿尔伯特音乐厅平面图	扫描	IZENOUR G C.Theater Design[M]. 2nd ed. New Haven：Yale University，1996.
2-1-2	皇家阿尔伯特音乐厅 A-A 剖透视	扫描	IZENOUR G C.Theater Design[M]. 2nd ed. New Haven：Yale University，1996.
2-1-3	皇家阿尔伯特音乐厅剖面图（一）	摹绘	白瑞纳克 . 音乐厅和歌剧院 [M]. 王季卿，等译 . 上海：同济大学出版社，2002.

图号	图名	形式	来源
2-1-4	皇家阿尔伯特音乐厅剖面图（二）	摹绘	白瑞纳克.音乐厅和歌剧院 [M].王季卿，等译.上海：同济大学出版社，2002.
2-1-5	皇家阿尔伯特音乐厅声反射图	摹绘	
2-1-6	皇家阿尔伯特音乐厅内景照片	照片	
2-1-7	《如梦之梦》剧照	照片	搜狐新闻.你好，如梦之梦 [EB/OL].(2017-10-19)[2021-05-26].https：//www.sohu.com/a/198986464_99932264.
2-1-8	日本新国立剧场歌剧院平面图	摹绘	服部纪和.音乐厅·剧场·电影院 [M].张三明，宋姗姗，译.北京：中国建筑工业出版社，2005.
2-1-9	国家大剧院戏剧场观众厅和舞台形式	摹绘	袁烽.观演建筑设计 [M].上海：同济大学出版社，2012.
2-1-10	国家大剧院戏剧场平面图	摹绘	袁烽，宋魔君，姚震.城市中的剧院 剧院中的城市 北京中国国家大剧院评析 [J].时代建筑，2008(4)：84-95.
2-1-11	国家大剧院戏剧场内景照片	照片	国家大剧院官网.剧院景观 戏剧场 [EB/OL].[2021-05-26].https：//www.chncpa.org/cgyl_278/jyjg/.
2-1-12	加拿大莎士比亚剧场	摹绘	中国建筑工业出版社，中国建筑学会.建筑设计资料集(第三版)第4分册 教科·文化·宗教·博览·观演 [M].北京：中国建筑工业出版社，2017.
2-2-1	美国波士顿音乐厅楼座平面图	摹绘	白瑞纳克.音乐厅和歌剧院 [M].王季卿，等译.上海：同济大学出版社，2002.
2-2-2	美国波士顿音乐厅观众厅内景照片	照片	《艺术世界》与德法 ARTE 电视台.波士顿的科学之魂 [R/OL].（2010-12）[2021-05-26].https：//www.ccarting.com/magazine/article/2011-01/1294498057d22235.html.
2-2-3	肯尼迪演艺中心歌剧院池座平面图	摹绘	白瑞纳克.音乐厅和歌剧院 [M].王季卿，等译.上海：同济大学出版社，2002.
2-2-4	肯尼迪演艺中心歌剧院内景照片	照片	章奎生，杨志刚.参访美国文化演艺建筑随记 [J].建筑技艺，2012（4）250-253.
2-2-5	哥本哈根蒂沃利音乐厅平面图	摹绘	白瑞纳克.音乐厅和歌剧院 [M].王季卿，等译.上海：同济大学出版社，2002.
2-2-6	哥本哈根蒂沃利音乐厅内景照片	照片	
2-2-7	英国伦敦巴比肯音乐厅平面图	摹绘	
2-2-8	英国伦敦巴比肯音乐厅内景照片	照片	
2-2-9	国家大剧院歌剧院平面图	摹绘	袁烽，宋魔君，姚震.城市中的剧院 剧院中的城市 北京中国国家大剧院评析 [J].时代建筑，2008(04)：84-95.
2-2-10	国家大剧院歌剧院内景照片	照片	国家大剧院官网.剧院景观 歌剧院 [EB/OL].[2021-05-26].https：//www.chncpa.org/cgyl_278/jyjg/.

图号	图名	形式	来源
2-2-11	美国橙县演艺中心一、二层平面图	摹绘	白瑞纳克.音乐厅和歌剧院[M].王季卿,等译.上海:同济大学出版社,2002.
2-2-12	美国橙县演艺中心三、四层平面图	摹绘	
表2-2-1	葡萄牙波尔图音乐厅	摹绘	董晓霞.OMA的波尔图音乐厅建筑设计[J],时代建筑,2006(04):196-201.
	美国纽约州伊士曼剧院	摹绘	IZENOUR G C.Theater Design[M]. 2nd ed. New Haven:Yale University,1996.
	德国拜罗伊特节日剧院	摹绘	
	日本东京文化会馆	摹绘	日本建筑协会.建筑设计资料集成——综合篇[M].北京:中国建筑工业出版社,2003.
	江西艺术中心	自绘	张祺建筑设计工作室
2-3-1	无楼座观众厅的类型	摹绘	中国建筑工业出版社,中国建筑学会.建筑设计资料集(第三版)第4分册 教科·文化·宗教·博览·观演[M].北京:中国建筑工业出版社,2017.
表2-3-1	绍兴大剧院	摹绘	张三明,俞健,童德兴.现代剧场工艺例集:建筑声学·舞台机械·灯光·扩声[M].武汉:华中科技大学出版社,2009.
	黄河口大剧院	自绘	张祺建筑设计工作室
	北京大学百周年纪念讲堂	自绘	
	柏林德国歌剧院	扫描	IZENOUR G C.Theater Design[M]. 2nd ed. New Haven:Yale University,1996.
2-3-2	美国橙县演艺中心中部横剖面图	摹绘	白瑞纳克.音乐厅和歌剧院[M].王季卿,等译.上海:同济大学出版社,2002.
2-3-3	美国橙县演艺中心中部纵剖面图	摹绘	
2-3-4	美国橙县演艺中心内景照片	照片	
3-1-1	河南安阳蒋村金墓戏台模型	照片	曾星明.风景地理学[M].北京:中国工信出版社,人民邮电出版社,2017.
3-1-2	阿迪库斯音乐厅	照片	方志强.希腊——西欧文明从这里走来[J].旅游纵览,2018(11)92-97.
3-1-3	安曼露天圆形大剧场	照片	魏仰苏 摄
3-2-1	西斯廷圣母像	照片	拉斐尔.西斯廷圣母
4-1-1	英国斯特拉特福莎士比亚剧场平面图	摹绘	李道增,傅英杰.西方戏剧·剧场史(下)[M].北京:清华大学出版社,1999.
4-1-2	英国斯特拉特福莎士比亚剧场透视图	摹绘	
4-1-3	德国汉堡剧院观众厅横剖面	摹绘	
4-1-4	德国汉堡剧院观众厅雪橇形挑台	照片	
4-1-5	意大利维琴察奥林匹克剧场内景	照片	维琴察奥林匹克剧院官网.奥林匹克剧院[EB/OL].[2021-05-26].http://www.teatrolimpicovicenza.it/zh/.
4-1-6	意大利米兰斯卡拉歌剧院内景	扫描	斯卡拉歌剧院宣传册(张三明 提供)
4-2-1	观众厅座椅排列形式与观众视线	扫描	IZENOUR G C.Theater Design[M]. 2nd ed. New Haven:Yale University,1996.

图号	图名	形式	来源
4-2-2	视点及舞台高度示意图	摹绘	中国建筑工业出版社，中国建筑学会.建筑设计资料集(第三版)第4分册 教科·文化·宗教·博览·观演 [M].北京：中国建筑工业出版社，2017.
4-2-3	视线 C 值	摹绘	
4-2-4	温州大剧院内景照片	照片	温州大剧院官网.剧院介绍 [EB/OL].[2021-05-26].https：//wzdjy.polyt.cn/detail?url=%2Fnavigator%2Fnews_video%3Fid%3D15170000000001003.
4-2-5	日本奈良百年会馆内景照片	照片	Yukio Futagawa.GA Document[M].Tokyo：ADA.Editors，2001.
4-2-6	面光光束示意图	自绘	
4-2-7	面光位置示意图	摹绘	许宏庄，赵伯仁，李晋奎.剧场建筑设计 [M].北京：中国建筑工业出版社，1984.
4-2-8	面光桥平面	自绘	
4-3-1	"第四堵墙"的剖面分析	自绘	张祺建筑设计工作室
4-3-2	场力作用表现图	自绘	
4-3-3	矩形剧场"第四堵墙"的变化	自绘	
4-3-4	常见台唇的形式与尺度	摹绘	中国建筑工业出版社，中国建筑学会.建筑设计资料集(第三版)第4分册 教科·文化·宗教·博览·观演 [M].北京：中国建筑工业出版社，2017.
4-3-5	青海大剧院耳光室照片	照片	张祺建筑设计工作室
4-3-6	黄河口大剧院耳光室照片	照片	
4-3-7	耳光室平面图	摹绘	吴德基.观演建筑设计手册 [M].北京：中国建筑工业出版社，2007.
4-3-8	耳光室位置示意图	摹绘	
4-3-9	耳光光束示意图	自绘	
4-3-10	斯卡拉歌剧院后墙实景照片	照片	斯卡拉歌剧院宣传册（张三明 提供）
4-3-11	拜罗伊特节日剧院侧墙照片	照片	斯泰克 授权，张三明 提供
4-3-12	广州歌剧院观众厅侧墙照片	照片	广州歌剧院官网.歌剧厅[EB/OL].[2021-05-26].https：//www.gzdjy.org/intro.html?rid=14423&name=%E6%AD%8C%E5%89%A7%E5%8E%85.
4-3-13	无锡大剧院内景照片	照片	无锡大剧院官网.剧院介绍 [EB/OL].[2021-05-26].https：//wxdjy.polyt.cn/detail?url=%2Fnavigator%2Farticle%3Fid%3D14170000000000684.
5-1-1	"声""言"的甲骨文	摹绘	韩宝强.音的历程：现代音乐声学导论 [M].北京：人民音乐出版社，2016.
5-1-2	人耳图解	摹绘	安藤四一.建筑声学：声源 声场与听众之融合 [M].吴硕贤，赵越喆，译.天津：天津大学出版社，2006：43.
5-1-3	耳蜗剖面图	摹绘	安藤四一.建筑声学：声源 声场与听众之融合 [M].吴硕贤，赵越喆，译.天津：天津大学出版社，2006：45.
5-1-4	法国多宏内修道院内景照片	照片	tripadvisor(猫途鹰）旅游网站.Abbaye du Thoronet[EB/OL].[2021-05-26].https：//www.tripadvisor.com/Attraction_Review-g635829-d549341-Reviews-Abbaye_du_Thoronet-Le_Thoronet_Var_Provence_Alpes_Cote_d_Azur.html.

图号	图名	形式	来源
5-1-5	天坛回音壁声线分析	摹绘	吴硕贤. 建筑声学设计原理 [M]. 北京：中国建筑工业出版社，2019.
5-3-1	美国波士顿交响音乐厅楼座平面图	摹绘	白瑞纳克. 音乐厅和歌剧院 [M]. 王季卿，等译. 上海：同济大学出版社，2002.
5-3-2	美国波士顿交响音乐厅池座平面图	摹绘	
5-3-3	美国波士顿交响音乐厅剖面图	摹绘	
5-3-4	荷兰阿姆斯特丹音乐厅剖面图	摹绘	
5-3-5	荷兰阿姆斯特丹音乐厅平面图	摹绘	
5-3-6	美国纽约新大都会歌剧院平面图	摹绘	
6-1-1	下送风座椅连接图	自绘	
6-1-2	池座静压箱示意图	自绘	
6-2-1	自然声直达声、反射声示意图	自绘	
6-2-2	不同形式平面直达声的分布情况	摹绘	项端祈. 剧场建筑声学设计实践 [M]. 北京：北京大学出版社，1990.
6-2-3	三种观众厅基本形状反射声分布图	摹绘	秦佑国，王炳麟. 建筑声环境（第二版）[M]. 北京：清华大学出版社，1999.
6-2-4	吊顶剖面设计示意图	摹绘	
6-2-5	楼座下部声环境缺陷示意图	摹绘	
6-2-6	楼座高度与深度比值	摹绘	项端祈. 剧场建筑声学设计实践 [M]. 北京：北京大学出版社，1990.
6-2-7	观众厅平面反射声分布图	摹绘	IZENOUR G C.Theater Design[M]. 2nd ed. New Haven：Yale University，1996.
6-2-8	北京大学百周年纪念讲堂观众厅节点示意图	照片	张祺建筑设计工作室
6-2-9	北京大学百周年纪念讲堂八字墙改造前后声线分析	自绘	
6-2-10	北京大学百周年纪念讲堂台口天花改造后声线分析	自绘	
6-2-11	北京大学百周年纪念讲堂楼座栏板造型改造后声线分析	自绘	
6-2-12	北京大学百周年纪念讲堂侧墙造型改造示意图	自绘	
6-2-13	北京大学百周年纪念讲堂侧墙造型改造后声线分析	自绘	
6-3-1	视觉和听觉信号分别通过光波和声波直线传播，经视网膜和耳蜗接收	扫描	IZENOVR GC. Theater Design[M].2nd ed.New Haven:Yale University.1996.

注：第 7 章项目图纸为张祺建筑设计工作室自绘；项目照片为张广源摄影。

参考文献

专著：

[1] 罗伯特·科恩.戏剧[M].费春放,梁超群,译.北京:北京联合出版社,2020.

[2] 萧梅.田野的回声[M].上海:上海音乐学院出版社,2010.

[3] 袁烽.观演建筑设计[M].上海:同济大学出版社,2012.

[4] 吴硕贤.建筑声学设计原理[M].北京:中国建筑工业出版社,2019.

[5] 薛林平,王季卿.山西传统戏场建筑[M].北京:中国建筑工业出版社,2005.

[6] 白瑞纳克.音乐厅和歌剧院[M].王季卿,等译.上海:同济大学出版社,2002.

[7] 项端祈.剧场建筑声学设计实践[M].北京:北京大学出版社,1990.

[8] 李道增,傅英杰.西方戏剧·剧场史(上、下)[M].北京:清华大学出版社,1999.

[9] 卢向东.中国现代剧场的演进[M].北京:中国建筑工业出版社,2009.

[10] 刘振亚.现代剧场设计(第二版)[M].北京:中国建筑工业出版社,2011.

[11] 布鲁克,邢历.空的空间[M].北京:中国戏剧出版社,1988.

[12] 服部纪和.音乐厅·剧场·电影院[M].张三明,等译.北京:中国建筑工业出版社,2006.

[13] 项端祈.音乐建筑:音乐·声学·建筑[M].北京:中国建筑工业出版社,1999.

[14] 中国建筑工业出版社,中国建筑学会.建筑设计资料集(第三版)[M].北京:中国建筑工业出版社,2017.

[15] 周贻白.中国剧场史[M].长沙:湖南教育出版社,2007.

[16] 丁宁.论建筑场[M].北京:中国建筑工业出版社,2010.

[17] 余秋雨.观众心理学[M].北京:长江文艺出版社,2013.

[18] 董健,马俊山.戏剧艺术十五讲[M].北京:北京大学出版社,2013.

[19] 西蒙·特拉斯勒.剑桥插图英国戏剧史[M].刘振前,等译.济南:山东画报出版社,2006.

[20] 潘薇.西方戏剧史[M].北京:大众文艺出版社,2007.

[21] 周宁.西方戏剧理论史(上、下)[M].厦门:厦门大学出版社,2008.

[22] 梁燕丽.20世纪西方探索剧场理论研究[M].上海:生活·读书·新知三联书店,2009.

[23] 刘振亚.现代剧场设计[M].北京:中国建筑工业出版社,2011.

[24] 项端祈.传统与现代:歌剧院建筑[M].科学出版社,2002.

[25] 扬·盖尔.交往与空间[M].北京:中国建筑工业出版社,2002.

[26] 鲁道夫·阿恩海姆.视觉思维[M].滕守尧,译.成都:四川人民出版社,2005.

[27] 安藤四一.建筑声学:声源 声场与听众之融合[M].吴硕贤,赵越喆,译.天津:天津大学出版社,2006.

[28] 许宏庄.剧场建筑设计[M].北京:中国建筑工业出版社,1984.

[29] 尤哈尼·帕拉斯玛.肌肤之目:建筑与感官[M].刘星,任丛丛,等,译.北京:中国建筑工业出版社,2016.

[30] 卡洛斯·查韦斯.音乐中的思想[M].冯欣欣,译.重庆:西南师范大学出版社,2015.

[31] 韩宝强.音的历程:现代音乐声学导论[M].北京:人民音乐出版社,2016.

[32] 服部纪和,张三明,宋姗姗.音乐厅 剧

场 电影院 [M]. 北京：中国建筑出版社，2006.

[33] 张三明，俞健，童德兴 . 现代剧场工艺例集：建筑声学：舞台机械·灯光·扩声 [M]. 武汉：华中科技大学出版社，2009.

[34] IZENOUR G C.Theater Design[M]. 2nd ed. New Haven：Yale University，1996.

[35] IZENOUR G C.Theater Technology[M].2nd ed. New Haven：Yale Univer-sity，1996.

[36] JORDAN V L.Acoustical Design of Concert Halls and Theatres：a Personal Account[M]. London：Applied Science Publishers，1980.

[37] LEHMANN H-T.Postdramatic Theatre[M]. London and New York：Routledge，2006.

[38] FORSYTH M.Auditoria：Designing for the Performing Art[M].New York：Van Nostrand Reinhold Company，1987.

[39] FRANCES D.The Royal Opera House in the Twentieth Century[M]. London：Bloomsbury，1988.

[40] FOAKES R A.Illustrations of the English Stage：1580-1642[M]. Palo Alto：Stanford University Press，1985.

[41] BARRON M.Auditorium Acoustics and Architectural Design[M].London and New York：Routledge，2008.

[42] MILLING J，LEY G.Modern Theories of Performance：from Stanislavski to Boalby[M].Wales：Creative Print and Design，Ebbw Vale，2001.

[43] WATSON I.Towards a Third Theatre-Eugenio Barba and the Odin Teatret[M].London and New York：Routledge，1993.

[44] ARNHEIM R.Art and Visual Perception：a Psychology of the Creative Eye (the New Version)[M]. Berkeley：University of California Press，1974.

[45] ARNHEIM R.The Power of the Center-a Study of Composition in the Visual Art (the New Version)[M]. Berkeley：University of California Press，1998.

[46] ARNHEIM R.To the Rescue of Art：Twenty-six Essays[M]. Berkeley：University of California Press，1992.

期刊：

[1] 崔育新，邱文明，阿恩海姆建筑空间观下的设计实践与探索 [J]. 福州大学学报，2013(01)：66-69.

[2] 董晓霞 .OMA 的波尔图音乐厅建筑设计 [J]，时代建筑，2006(04)：196-201.

[3] 丁宁 ."建筑场"效应构成分析及审美意义 [J]. 美与时代：创意（上），2009(02)：22-27.

[4] 成志军，林晓妍 . 格式塔理论在建筑美学中的应用 [J]. 重庆建筑大学学报，2013(10)：12-15.

[5] 安婳娟，高祥生 . 建筑形态的视觉动力类型分析——基于格式塔心理学中视知觉理论的解析 [J]. 建筑与文化，2013(06)：49-54.

[6] 邹颖，冯天舒 . 库哈斯的理性反叛——比较法视点下库氏剧场建筑的设计策略与实践观 [J]. 世界建筑，2012(02)：92-95.

[7] 傅海聪 . 上海大剧院观众厅的空间与视感 [J]. 时代建筑，1998(04)：32-37.

[8] 曹孝振 . 现代剧场建筑设计的理念 [J]. 电声技术，2011，35(05)：8-11.

[9] 陈向荣，吴硕贤 . 现代综合性剧场观众厅座位喜爱度研究及座位布置建议 [J]. 华中建筑，2013(07)：71-76.

[10] 程翌 . 以空间亲密感为前提的剧院观众

厅设计 [J]. 建筑学报, 2013(06): 84-89.

[11] 卢向东. 中国剧场的大剧院时代 [J]. 世界建筑, 2011(01): 111-115.

[12] 袁烽, 宋麾君, 姚震. 城市中的剧院 剧院中的城市 北京中国国家大剧院评析 [J]. 时代建筑, 2008(04): 84-95.

[13] 毛伟, 刘迪, 陈江江. 剧场观众厅座席的布置与亲和力 [J]. 南方建筑, 2010(02): 84-87.

[14] 乔瓦娜·邓默, 王骁. 英国皇家莎士比亚剧院改建 [J]. 时代建筑, 2013(03): 68-75.

[15] 马礼民. 当代强大的数字平台——舞台技术与艺术的对话[J]. 演艺设备与科技, 2006(03): 13-15.

[16] 甘特·恩格尔. 未来剧场声系统: 将空间声效与室内扩声结合起来 [J]. 演艺科技, 2014(06): 45-54.

[17] 徐丹. 中国当代舞台美术的技术与疆界——舞台技术的多维跨界与视觉融合 [J]. 演艺科技, 2016(12): 38-41.

论文:

[1] 杨青娟. 剧场建筑中的观演行为心理探析 [D]. 成都: 西南交通大学, 2002.

[2] 赵洋. 当代观演建筑形态的艺术性研究 [D]. 哈尔滨: 哈尔滨工业大学, 2011.

[3] 吕学军. 观演建筑空间特性及空间组合研究 [D]. 长沙: 湖南大学, 2001.

[4] 朱相栋. 观演建筑声学设计进展研究 [D]. 北京: 清华大学, 2012.

[5] 吴琼. 基于视知觉的建筑心理空间研究 [D]. 杭州: 浙江大学, 2012.

[6] 王丹. 基于视知觉的建筑形态研究 [D]. 哈尔滨: 东北林业大学, 2011.

[7] 崔赫. 基于视知觉图底关系的建筑外立面形式构成研究 [D]. 杭州: 浙江大学, 2011.

[8] 周超. 基于视知觉的建筑形态趣味研究 [D]. 杭州: 浙江大学, 2013.

[9] 王一超. 基于视知觉整体性的建筑形态研究 [D]. 杭州: 浙江大学, 2012.

[10] 孙翌. 基于视知觉整体性的空间序列关系研究 [D]. 杭州: 浙江大学, 2011.

[11] 程光波. 建筑完形论——建筑认知与创作过程中的完型现象研究 [D]. 武汉: 华中科技大学, 2004.

[12] 房鹏. 视错觉在景观空间设计中的研究与应用 [D]. 武汉: 武汉理工大学, 2010.

[13] 黄静. 视觉心理学在室内设计中应用的研究 [D]. 成都: 西南交通大学, 2004.

[14] 柳玉洁. 视知觉在我国当代医疗环境设计中的应用型研究 [D]. 南京: 南京林业大学, 2012.

[15] 胡捷. 室内空间形态视知觉研究 [D]. 成都: 西南交通大学, 2008.

[16] 朱永生. 中国传统公共观演空间研究 [D]. 厦门: 华侨大学, 2007.

[17] 陈冬莉. 数字影像在多媒体剧场中的应用研究 [D]. 上海: 上海音乐学院, 2018.

[18] 杨涵诗. 科技对剧场艺术的革新研究 [D]. 上海: 上海音乐学院, 2020.

[19] 魏钟徽. 虚拟现实技术在戏剧艺术中的应用 [D]. 上海: 上海戏剧学院, 2005.

获奖作品

北京大学百周年纪念讲堂
全国优秀工程勘察设计银奖（2000 年）
建国 60 周年建筑创作大奖（2009 年）
国家质量奖银奖（2002 年）
建设部和非公交系统优秀设计一等奖（2000 年）
建设部部级城乡建设优秀勘察设计二等奖（2000 年）

北京大学人文大楼
全国优秀工程勘察设计行业奖优秀建筑工程设计一等奖
（2017 年）
全国优秀工程勘察设计行业奖之"华筑奖"工程项目类
一等奖（2017 年）
北京市优秀工程勘察设计奖综合奖（公共建筑）一等奖
（2017 年）
2017-2018 建筑设计奖·建筑创作优秀奖

北京大学南门区域教学科研综合楼群
二〇一九年度行业优秀勘察设计奖 优秀（公共）建筑设
计 二等奖（2019 年）
北京市优秀工程勘察设计奖综合奖（公共建筑）一等奖
（2019 年）
2019-2020 中国优秀建筑奖公共建筑三等奖（2021 年）

青海艺术中心（青海大剧院）
二〇一九年度行业优秀勘察设计奖 优秀（公共）建筑设
计 三等奖
青海省优秀工程勘察设计奖一等奖（2013 年）
蓝星杯·第七届中国威海国际建筑设计大奖赛优秀奖
（2013 年）

北京大学留学生公寓
中国土木工程詹天佑奖优秀住宅小区金奖（2011 年）
全国优秀工程勘察设计行业奖建筑工程公建类三等奖
（2013 年）
北京市第十六届优秀工程设计一等奖（2012 年）
蓝星杯·第七届中国威海国际建筑设计大奖赛优秀奖
（2013 年）

黄河口（水城雪莲）大剧院
全国优秀工程勘察设计行业奖优秀建筑工程设计三
等奖（2017 年）
北京市优秀工程勘察设计奖综合奖（公共建筑）三
等奖（2017 年）

奥体金融中心 A 栋楼
北京市优秀工程勘察设计奖综合奖（公共建筑）二
等奖（2017 年）
山东省优秀建筑设计项目评比一等奖（2016 年）

林业部办公科技综合楼
北京第十届优秀工程设计三等奖（2002 年）

文化部办公楼
建设部和非公交系统优秀设计三等奖（2000 年）

万寿路活动中心
北京第十二届优秀工程设计项目三等奖（2005 年）
第三届中国威海国际建筑设计大奖优秀奖（2006 年）

蒙元文化博物馆
第五届中国建筑学会建筑创作佳作奖（2011 年）
蓝星杯·第六届中国威海国际建筑设计大奖赛优秀
奖（2011 年）

江西省艺术中心
第三届中国威海国际建筑设计大奖优秀奖（2006 年）

中国青年政治学院图书馆实验楼
蓝星杯·第六届中国威海国际建筑设计大奖赛优秀
奖（2011 年）

广西融水整垛寨改建
Reconstruction of Rongshui
County,Guangxi

项目地点：广西 融水
设计时间：1990 年
竣工时间：1992 年

国家林业总局办公楼
Office Building of National Forestry
Administration

项目地点：北京
设计时间：1996 年
竣工时间：1998 年
用地面积：12500m²
建筑面积：34799m²

北大之路厦门生物园
Xiamen Bio-Tech Garden

项目地点：福建 厦门
设计时间：1999 年
竣工时间：2002 年
用地面积：92800m²
建筑面积：35000m²

河北大学博物馆
Museum of Hebei University

项目地点：河北 保定
设计时间：2002 年
竣工时间：2004 年
用地面积：2622m²
建筑面积：8600m²

金融街 F10 东大唐集团办公楼
Financial Street F10 Datang Building-East

项目地点：北京
设计时间：2003 年
竣工时间：2005 年
用地面积：4909m²
建筑面积：48432m²

北京紫金长安住宅小区（一期）
Beijing Zijinchang'an Living District

项目地点：北京
设计时间：2003 年
竣工时间：2005 年
用地面积：71648m²
建筑面积：20400m²

文化部办公楼
Building of China Ministry of Culture Office
Building

项目地点：北京
设计时间：1994 年
竣工时间：1997 年
用地面积：3300m²
建筑面积：34892m²

北京大学百周年纪念讲堂
Peking University Hall

项目地点：北京
设计时间：1996 年
竣工时间：1998 年
用地面积：13500m²
建筑面积：12672m²

万寿路甲 15 号活动中心
Wanshoulu Veteran Center

项目地点：北京
设计时间：2002 年
竣工时间：2004 年
用地面积：19230m²
建筑面积：26840m²

兰州大学榆中校区艺术楼
Art Building of YuZhong District, Lanzhou
University

项目地点：甘肃 兰州
设计时间：2003 年
竣工时间：2004 年
用地面积：11996m²
建筑面积：10900m²

北京融域嘉园住宅小区
Rongyujiayuan Living District, Beijing

项目地点：北京
设计时间：2003 年
竣工时间：2005 年
用地面积：57400m²
建筑面积：163000m²

兰州大学榆中校区图书馆
Library of YuZhong District, Lanzhou
University

项目地点：甘肃 兰州
设计时间：2003 年
竣工时间：2005 年
用地面积：18500m²
建筑面积：33000m²

黑龙江省老干部活动中心
Veteran Center of Heilongjiang Province

项目地点：**黑龙江 哈尔滨**
设计时间：**2003 年**
竣工时间：**2006 年**
用地面积：**27500m²**
建筑面积：**40000m²**

中国国家软件进出口服务中心
China National Software Park Import and Export Services Center

项目地点：**北京**
设计时间：**2004 年**
竣工时间：**2008 年**
用地面积：**36936m²**
建筑面积：**71969m²**

北京大学南门区域教学科研综合楼
Teaching & Research Building, South Gate Region of Peking University

项目地点：**北京**
设计时间：**2005 年始**
竣工时间：**2007 年始**
用地面积：**40299m²**
建筑面积：**75886m²**

蒙元文化博物馆
Mongolia Culture Museum

项目地点：**内蒙古 锡林浩特**
设计时间：**2005 年**
竣工时间：**2008 年**
用地面积：**82219m²**
建筑面积：**42888m²**

中国青年政治学院图书实验楼
Laboratory Building of China University for Political Sciences

项目地点：**北京**
设计时间：**2006 年**
竣工时间：**2009 年**
用地面积：**4419m²**
建筑面积：**29193m²**

河北省地质资料馆
Hebei Geological Museum

项目地点：**河北 石家庄**
设计时间：**2004 年**
竣工时间：**2007 年**
用地面积：**4606m²**
建筑面积：**8523m²**

北京大学留学生公寓
International Student Apartment of Peking University

项目地点：**北京**
设计时间：**2004 年**
竣工时间：**2012 年**
用地面积：**35492m²**
建筑面积：**132700m²**

广州大学城中山大学体育馆
Gymnasium of Zhongshan University

项目地点：**广东 广州**
设计时间：**2005 年**
竣工时间：**2008 年**
用地面积：**15600m²**
建筑面积：**11665m²**

金融街 F10 西大唐发电股份有限公司办公楼
Financial Street F10 Datang Building-West

项目地点：**北京**
设计时间：**2006 年**
竣工时间：**2008 年**
用地面积：**3856m²**
建筑面积：**42072m²**

江西艺术中心
Jiangxi Art Center

项目地点：**江西 南昌**
设计时间：**2006 年**
竣工时间：**2010 年**
用地面积：**78200m²**
建筑面积：**45510m²**

北京大学科维理天体物理研究中心
Kavli Institute for Astronomy and Astrophysics, KIAA-PKU

项目地点：**北京**
设计时间：**2007 年**
竣工时间：**2008 年**
用地面积：**1100m²**
建筑面积：**2943m²**

马尔代夫 Nolhivaranfaru 岛救助住宅
Chinese Government Aided Maldives Tsunami Housing

项目地点：**马尔代夫 Nolhivaranfaru 岛**
设计时间：**2008 年**
竣工时间：**2010 年**
用地面积：**22805m²**
建筑面积：**4447m²**

西宁海湖新区中心区城市设计
the Urban Design of Core area of Haihu'Xining

项目地点：**青海 西宁**
设计时间：**2008 年**
用地面积：**1154700m²**
建筑面积：**2768000m²**

北京大学人文大楼
the Literature/Philosophy/History Building of Peking University

项目地点：**北京**
设计时间：**2009 年**
竣工时间：**2012 年**
用地面积：**24657m²**
建筑面积：**24645.4m²**

通辽市文化商贸区城市设计
Urban Planning of Cultural and Commercial District in Tongliao City

项目地点：**内蒙古 通辽**
设计时间：**2009 年**
用地面积：**1981085m²**
建筑面积：**4975219m²**

青海科技馆
Qinghai Science and Technology Museum

项目地点：**青海 西宁**
设计时间：**2007 年**
竣工时间：**2011 年**
用地面积：**36634m²**
建筑面积：**33179m²**

青海大剧院
Qinghai Theater

项目地点：**青海 西宁**
设计时间：**2008 年**
竣工时间：**2012 年**
用地面积：**36017m²**
建筑面积：**30506m²**

土默特左旗博物馆
Tumote Museum

项目地点：**内蒙古 呼和浩特**
设计时间：**2009 年**
竣工时间：**2011 年**
用地面积：**19450m²**
建筑面积：**5704m²**

兰州大学体育馆
Gymnasium of Lanzhou University

项目地点：**甘肃 兰州**
设计时间：**2009 年**
竣工时间：**2014 年**
用地面积：**10401m²**
建筑面积：**14215m²**

北京九十四中机场分校综合教学楼
Comprehensive Teaching Building of Beijing ninety-four Middle School

项目地点：**北京**
设计时间：**2010 年**
竣工时间：**2012 年**
用地面积：**2283m²**
建筑面积：**6200m²**

中办老干部局官园活动中心改造
Reconstruction of Guanyuan Veteran Center

项目地点：北京
设计时间：2010 年
竣工时间：2012 年
用地面积：1230m²
建筑面积：9556m²

西宁湟水河湿地公园景观建筑
HuangShui River Wetland Park, Management Center

项目地点：青海 西宁
设计时间：2010 年
竣工时间：2015 年
用地面积：75550m²
建筑面积：6297m²

兰州大学 2 号生物楼
Bio Building No.2 of Lanzhou University

项目地点：甘肃 兰州
设计时间：2011 年
竣工时间：2013 年
用地面积：12933m²
建筑面积：23520.9m²

济南奥体西苑项目（A 座）
Ji'nan Olympic Xiyuan A building project

项目地点：山东 济南
设计时间：2011 年
竣工时间：2014 年
用地面积：34531m²
建筑面积：99936m²

通辽市孝庄河景观规划
Planning of Tongliao Xiaozhuang River Bank Landscape

项目地点：内蒙古 通辽
设计时间：2011 年
竣工时间：在建
用地面积：728856m²
建筑面积：41623m²

广西南宁信合社办公楼
Highrise of Credit Cooperation Union' Nanning

项目地点：广西 南宁
设计时间：2010 年
竣工时间：2014 年
用地面积：19605m²
建筑面积：146947m²

北京大学艺术学院与歌剧研究院
Academy of Arts and Opera Research Institute of Peking University

项目地点：北京
设计时间：2010 年
设计阶段：方案设计
用地面积：10651m²
建筑面积：36058m²

东平体育馆
Stadium of Dongping

项目地点：山东 东平
设计时间：2011 年
竣工时间：2014 年
用地面积：58777m²
建筑面积：28593m²

黄河口大剧院
Yellow River estuary Theater

项目地点：山东 东营
设计时间：2011 年
竣工时间：2015 年
用地面积：294900m²
建筑面积：45094m²

北京西绒线胡同 12 号办公楼
West Rongxian Hutong No.12 Office Buildings' Beijing

项目地点：北京
设计时间：2012 年
竣工时间：2014 年
用地面积：3885m²
建筑面积：20140m²

吉林省洮南市政务大楼
Complex Office Building of Taonan Government

项目地点：**吉林 洮南**
设计时间：**2012 年**
竣工时间：**2015 年**
用地面积：**16841m²**
建筑面积：**23727m²**

中北大学现代分析测试中心
Technology Building of North University of China

项目地点：**山西 太原**
设计时间：**2012 年**
竣工时间：**2016 年**
用地面积：**29551m²**
建筑面积：**41623.2m²**

吉林省洮南市文化中心
Taonan Cultural Centre

项目地点：**吉林 洮南**
设计时间：**2013 年**
竣工时间：**2016 年**
用地面积：**18527m²**
建筑面积：**24993m²**

泗洪县文化综合场馆
Schematic Design of Sihong Cultural Complex

项目地点：**江苏 泗洪**
设计时间：**2013 年**
竣工时间：**在建**
用地面积：**132627m²**
建筑面积：**57500m²**

西宁市中心广场北扩安置项目
North Expansion Project Resettlement of Xining Central Square

项目地点：**青海 西宁**
设计时间：**2013 年**
竣工时间：**在建**
用地面积：**21071.2m²**
建筑面积：**269640.74m²**

北京大学肖家河教工住宅区
Xiaojiahe Living District

项目地点：**北京**
设计时间：**2013 年**
竣工时间：**在建**
用地面积：**302199.6m²**
建筑面积：**800225m²**

北京大学国家发展研究院
National School of Development, Peking University

项目地点：**北京**
设计时间：**2013 年**
竣工时间：**在建**
用地面积：**16500m²**
建筑面积：**27230m²**

北京大学百周年纪念讲堂声场改造
Peking University Centennial Memorial Hall sound field transformation

项目地点：**北京**
设计时间：**2014 年**
竣工时间：**2015 年**

中国劳动关系学院综合教学楼
Complex Teaching Building of China Institute of Industrial relations

项目地点：**北京**
设计时间：**2014 年**
竣工时间：**在建**
用地面积：**4100m²**
建筑面积：**25411m²**

通辽大剧院
Tongliao Theater

项目地点：**内蒙古 通辽**
设计时间：**2014 年**
竣工时间：**在建**
用地面积：**106000m²**
建筑面积：**54000m²**

北京大学肖家河住宅区幼儿园
Xiaojiahe Living District (Kindergarten)

项目地点：**北京**
设计时间：**2015 年**
竣工时间：**在建**
用地面积：**9565m²**
建筑面积：**9776m²**

北大生物城扩建工程
Extended Project of Biology Base of Peking University

项目地点：**北京**
设计时间：**2015 年**
竣工时间：**在建**
用地面积：**34531m²**
建筑面积：**142761m²**

江阴港口公园生态馆
Jiangyin Green Port Theme Park

项目地点：**江苏 江阴**
设计时间：**2015 年**
设计阶段：**方案深化**
用地面积：**29400m²**
建筑面积：**15588m²**

中国驻加纳大使馆
Embassy of the People's Republic of China in the Republic of Ghana

项目地点：**加纳 安克拉**
设计时间：**2015 年**
设计阶段：**施工图设计**
用地面积：**9200m²**
建筑面积：**4883m²**

北京大学肖家河住宅区托老所
Xiaojiahe Living District (Nursing Home)

项目地点：**北京**
设计时间：**2016 年**
竣工时间：**在建**
用地面积：**2676m²**
建筑面积：**3903m²**

兰州大学理工楼
Sciences and Engineering Building of Lanzhou University

项目地点：**甘肃 兰州**
设计时间：**2016 年**
设计阶段：**施工图设计**
用地面积：**5023m²**
建筑面积：**28780m²**

广西崇水高速花山服务区
Guangxi Chongshui to Longzhou Expressway Huashan Service Area

项目地点：**广西 花山**
设计时间：**2016 年**
竣工时间：**在建**
用地面积：**35013m²**
建筑面积：**2056m²**

贵州民博园中国馆
Guizhou People's Expo China Pavilion

项目地点：**贵州 贵安新区**
设计时间：**2016 年**
设计阶段：**方案设计**
用地面积：**21000m²**
建筑面积：**15000m²**

广西崇水高速龙州管理中心
Longzhou Management Center of Chongshui to Longzhou Section of Guangxi Expressway

项目地点：**广西 龙州**
设计时间：**2016 年**
竣工时间：**在建**
用地面积：**33000m²**
建筑面积：**7886m²**

兰州大学创新创业大楼
Innovation and Venture Building of Lanzhou University

项目地点：**甘肃 兰州**
设计时间：**2018 年**
设计阶段：**方案设计**
用地面积：**22350m²**
建筑面积：**198800m²**

山东出版集团图书展示楼
Book Exhibition Building of Shandong Publishing Group

项目地点：**山东 济南**
设计时间：**2017 年**
竣工时间：**2021 年**
用地面积：**14994.4m²**
建筑面积：**80908m²**

桓台文化商业综合体
Cultural and Commercial Complex, Huantai

项目地点：**山东 淄博**
设计时间：**2019 年**
设计阶段：**方案设计**
用地面积：**36500m²**
建筑面积：**55000m²**

中国驻光州总领馆馆舍新建工程
New project of Chinese Consulate General in Gwangju

项目地点：**韩国 光州**
设计时间：**2018 年**
设计阶段：**施工图设计**
用地面积：**10316.9m²**
建筑面积：**10300m²**

邯郸市武安高等教育园区总体规划
Master Plan of Wu'an Higher Education Park

项目地点：**河北 邯郸**
设计时间：**2018 年**
竣工时间：**2020 年**
用地面积：**331927m²**
建筑面积：**207200m²**

邯郸幼儿师范高等专科学校图书馆
Library of Wu'an Preschool Teachers College

项目地点：**河北 邯郸**
设计时间：**2018 年**
竣工时间：**2020 年**
用地面积：**—**
建筑面积：**6350m²**

邯郸幼儿师范高等专科学校教学楼
Teaching Building of Wu'an Preschool Teachers College

项目地点：**河北 邯郸**
设计时间：**2018 年**
竣工时间：**2020 年**
用地面积：**—**
建筑面积：**32670m²**

邯郸幼儿师范高等专科学校食堂
Canteen of Wu'an Preschool Teachers College

项目地点：**北京**
设计时间：**2016 年**
竣工时间：**2021 年**
用地面积：**2676m²**
建筑面积：**3903m²**

邯郸幼儿师范高等专科学校演艺中心
Performing Arts Center of Wu'an Preschool Teachers College

项目地点：**河北 邯郸**
设计时间：**2018 年**
竣工时间：**2020 年**
用地面积：**12016m²**
建筑面积：**6712.47m²**

中国长城文化博物馆
Great Wall Culture Museum of China

项目地点：**河北 秦皇岛**
设计时间：**2020 年**
设计阶段：**方案设计**
用地面积：**46742m²**
建筑面积：**35050m²**

珠海艺术中心
Zhuhai Art Center

项目地点：**广州 珠海**
设计时间：**2021 年**
设计阶段：**方案设计**
用地面积：**43815.45m²**
建筑面积：**135993m²**

项目合作团队

· 广西融水整垛寨改建
建筑师：单德启、张祺、刘紫光

· 文化部办公楼
建筑师：董雯、张祺、曹晓昕

· 国家林业总局办公楼
建筑师：张祺、李维纳、肖婷

· 北京大学百周年纪念讲堂
建筑师：张祺、邱涧冰、肖婷
声学：王丙麟

· 北大之路厦门生物园
建筑师：张祺、丁哲、刘兵兵

· 万寿路甲 15 号活动中心
建筑师：张祺、刘小玫、肖婷、马玉鹏

· 河北大学博物馆
建筑师：张祺、林蕾等

· 兰州大学榆中校区艺术楼
建筑师：张祺、林蕾、史秋实

· 金融街 F10 东大唐集团办公楼
建筑师：张祺、林蕾、辛江莲、吴国庆

· 北京融域嘉园住宅小区
建筑师：张祺、刘明军、魏红等

· 北京紫金长安住宅小区（一期）
建筑师：张祺、刘明军、魏红等

· 兰州大学榆中校区图书馆
建筑师：张祺、林蕾、辛江莲

· 黑龙江省老干部活动中心
建筑师：张祺、王洵等

· 河北省地质资料馆
建筑师：张祺、辛江莲、盛晔

· 中国国家软件进出口服务中心
建筑师：张祺、刘明军、任浩、李静威、张小雷

· 北京大学留学生公寓
建筑师：张祺、刘明军、班润、史秋实、魏辰、
周宇、李慧琴 等

· 北京大学南门区域教学科研综合楼
建筑师：张祺、刘明军、王媛、班润、胡斯、王玮 等

· 广州大学城中山大学体育馆
建筑师：张祺、陆静、吴吉明

· 蒙元文化博物馆
建筑师：张祺、苏童、王媛、段晓莉、魏辰等

· 金融街 F10 西大唐发电股份有限公司办公楼
建筑师：张祺、陆静、魏晨、杜滨、段晓莉

· 中国青年政治学院图书实验楼
建筑师：张祺、于洁、魏辰、孟可、段晓莉

· 江西艺术中心
建筑师：张祺、刘明军、张蓁、伊斗、辛江莲等
声学：燕翔、胡奇志

· 北京大学科维理天体物理研究中心
建筑师：张祺、刘明军、倪斗、史秋实

· 青海科技馆
建筑师：张祺、刘明军、张蓁、杨鸿霞、班润、史秋实 等

· 马尔代夫 Nolhivaranfaru 岛救助住宅
建筑师：张祺、辛江莲等

· 青海大剧院
建筑师：张祺、刘明军、宋菲、辛江莲、吴吉明 等
声学：石慧斌、秦毅

· 西宁海湖新区中心区城市设计
建筑师：张祺、史秋实、苏璋 等

· 土默特左旗博物馆
建筑师：张祺、杨鸿霞、孙宇

· 北京大学人文大楼
建筑师：张祺、刘明军、班润、杨鸿霞、倪斗 等

· 兰州大学体育馆
建筑师：张祺、刘明军、班润、杨悦

· 通辽市文化商贸区城市设计
建筑师：张祺、姚文博等

· 北京九十四中机场分校综合教学楼
建筑师：张祺、刘明军、杨鸿霞、苏璋

· 中办老干部局官园活动中心改造
建筑师：张祺、刘明军、王媛

· 广西南宁信合社办公楼
建筑师：张祺、金磊 等

· 西宁湟水河湿地公园景观建筑
建筑师：张祺、刘明军、张蓁、王媛、史秋实、胡莹

· 北京大学艺术学院与歌剧研究院
建筑师：张祺、刘明军、胡斯、金磊 等
声学：石慧斌、陈勇 等

· 兰州大学 2 号生物楼
　建筑师：张祺、刘明军、张蓁

· 东平体育馆
　建筑师：张祺、刘明军、史秋实、胡斯、胡莹

· 济南奥体西苑项目
　建筑师：张祺、刘明军、班润、杨悦

· 黄河口大剧院
　建筑师：张祺、刘明军、宋菲、杨鸿霞

· 通辽市孝庄河景观规划
　建筑师：张祺、刘明军、张剑、胡斯等

· 北京西绒线胡同 12 号办公楼
　建筑师：张祺、刘明军、杨鸿霞、孙宇

· 吉林省洮南市政务大楼
　建筑师：张祺、刘明军、张蓁、金磊

· 中北大学现代分析测试中心
　建筑师：张祺、张蓁、金磊、杨悦

· 吉林省洮南市文化中心
　建筑师：张祺、刘明军、张蓁、杨曦

· 泗洪县文化综合场馆
　建筑师：张祺、刘明军、苏璋、吴凡、吴一凡

· 西宁市中心广场北扩安置项目
　建筑师：张祺、王媛、姚文博

· 北京大学肖家河教工住宅区
　建筑师：张祺、刘明军、杨鸿霞、宋菲、杨曦、胡斯、
　　　　　李港、王瑗、杨悦、庄劭航 等

· 北京大学国家发展研究院
　建筑师：张祺、刘明军、王媛、吴凡、王玮

· 北京大学百周年纪念讲堂声场改造
　建筑师：张祺、刘明军、杨悦、胡斯
　声学：石慧斌、陈勇 等

· 中国劳动关系学院综合教学楼
　建筑师：张祺、刘明军、王媛、王玮、苏璋

· 通辽大剧院
　建筑师：张祺、刘明军、宋菲、姚文博、张伟
　声学：石慧斌、陈勇 等

· 北京大学肖家河住宅区幼儿园
　建筑师：张祺、刘明军、张蓁、李雯、陈冠锦

· 北大生物城扩建工程
　建筑师：张祺、刘明军、张蓁、孙振亚、张一闳、

　　　　　陈冠锦、姚文博 等

· 江阴港口公园生态馆
　建筑师：张祺、李雯、张一闳、吴一凡 等

· 中国驻加纳大使馆
　建筑师：张祺、李雯、吴凡、苏璋等

· 北京大学肖家河住宅区托老所
　建筑师：张祺、刘明军、张蓁、陈冠锦、李雯

· 兰州大学理工楼
　建筑师：张祺、刘明军、班润、杨悦

· 广西崇水高速花山服务区
　建筑师：张祺、李雯、宋菲、张璐

· 贵州民博园中国馆
　建筑师：张祺、王玮、李雯

· 广西崇水高速龙州管理中心
　建筑师：张祺、李雯、杨悦、宋菲、张莹

· 兰州大学创新创业大楼
　建筑师：张祺、陈冠锦

· 山东出版集团图书展示楼
　建筑师：张祺、李雯、高竹青

· 桓台文化商业综合体
　建筑师：张祺、孙振亚

· 中国驻光州总领馆舍新建工程
　建筑师：张祺、王媛、李雯

· 邯郸市武安高等教育园区总体规划
　建筑师：张祺、孙振亚、田万滨 等

· 邯郸幼儿师范高等专科学校图书馆
　建筑师：张祺、陈冠锦、高竹青、马萌雪、李鹏旭

· 邯郸幼儿师范高等专科学校教学楼
　建筑师：张祺、张蓁、李雯

· 邯郸幼儿师范高等专科学校食堂
　建筑师：张祺、刘明军、王玮

· 邯郸幼儿师范高等专科学校演艺中心
　建筑师：张祺、李雯、曹阳、马萌雪、肖艺航、
　　　　　李小鹏、白静静、谈星火
　声学：王鹏

· 中国长城文化博物馆
　建筑师：张祺、孙振亚、陈冠锦、李雯 等

· 珠海艺术中心
　建筑师：张祺、陈冠锦、李雯、刘明军、吴凡、张蓁 等

作者简介

　　张祺，1964 年生于北京，1982 年考入清华大学，获得建筑学学士、硕士学位。中国建筑设计研究院有限公司总建筑师。新世纪百千万人才工程国家级人选，国务院政府特殊津贴专家，中国当代百名建筑师。曾获中国建筑学会青年建筑师奖，光华龙腾奖中国设计贡献奖、中国设计 70 人提名奖。

　　中国建筑学会建筑理论与创作委员会、教育建筑专业委员会、当代中国创作论坛、工业建筑遗产学术委员会、中国勘察设计协会传统建筑分会、中国演艺设备技术协会演出场馆专业委员会委员；中国建筑学会资深会员，香港建筑师学会会员，中国 APEC 建筑师。

　　多年来致力于建筑地域性与文化性的设计研究与创作实践。设计作品获国家级、省部级多个奖项，代表作有北京大学百周年纪念讲堂、蒙元文化博物馆、青海大剧院、江西艺术中心、文化部办公楼等。著有《此景·此情·此境——建筑创作思考与实践》。主编完成第三版《建筑设计资料集》第 4 分册中文化建筑及《剧场建筑设计规范》修编工作。

　　中国建筑设计研究院、清华大学、东南大学、北京建筑大学等大学硕士研究生导师。结合教学与科研，对建筑地域文化、城市环境、社会经济等课题进行探索和研究。

剧场建筑通过多种演绎方式将另一种
想象带到观众的眼前和耳边……

——张祺

后记

本书的写作已经过去四年多的时间，期间我作为主编之一完成了《剧场建筑设计规范》的修编工作，重点负责"观众厅"部分的内容编制；主编完成了《建筑设计资料集》（第三版）第 4 分册中文化建筑的编写工作；同时主持完成了北京大学一百周年纪念讲堂观众厅改造、通辽大剧院、邯郸幼儿师范高等专科学校演艺中心等工程设计。在理论探索的基础上，结合工程实践，我对剧场观众厅的设计有了更加深入的认识，也促使我从"视美"与"听悦"的全新视角对剧场观众厅设计的艺术与技术进行深入的研究与思考。

特别感谢庄惟敏院士在百忙之中为本书作序，作为建筑领域的专业大家，他的评价既具有专业性又具有启发性，为本书增色不少。同时作为清华师兄，他的业绩及理论研究对我有着极大的激励与帮助。

感谢工作室科研团队的支持。在繁重的工程设计之余，大家持续讨论，完成了大量资料文件整理、图纸收集绘制等具体工作，为本书的写作提供了翔实的一手资料。感谢张蓁、李雯、张一闳等建筑师，为本书的编撰做了大量基础性工作；感谢研究生刘嘉祺、赵晨伊、吴济琳同学，在排版、插图制作、图纸整理、标注、打印、校对等方面为本书的完成做出了极大的努力。

感谢工作室同仁和工程设计所有的合作者。多个专业的技术配合、磨合及专业经验的积累，是观演空间高品质设计的质量保证。

感谢配合剧场设计的声学设计专家。多年来我相继与清华大学王丙麟教授、石慧斌教授、燕翔教授的声学设计团队进行了多方位的合作，他们丰富的实践经验保证了剧场设计的专业特性。

感谢剧场建筑设计领域专家的指导。卢向东教授多次参与研究生论文评审，苏培义、石俊先生参加院科研项目"剧院（音乐厅）观众厅布局和空间设计的艺术形态与关键技术研究"的验收鉴定工作，他们都提出了诸多有益的建议。

感谢清华师兄张三明先生，他的照片弥补了我未能亲自拍摄剧场照片的遗憾。由于他本人也是建筑声学设计的专家，其照片的专业性及效果为本书增色不少。感谢张广源先生为本书设计作品在不同时期精心地拍摄照片，他的摄影作品同样丰富了本书对建筑的表达。

感谢中国建筑工业出版社资深编辑张建和刘静女士，她们敏锐的编辑才华及对本书持续付出的热忱，使我在相对宽松的环境中加快了写书的进度。感谢美编龙丹彤女士为本书完成简洁而优质的排版设计。

感谢几年来写作过程中朋友们的关心和指正，感谢友人对我初稿的审阅，让我能将文稿逐渐完善、深入并饶有心得。同样要感谢我的家人，这些年陪伴着我，也是我在忙碌之中努力成书的重要动力。

2020 年中，我因开会路过南昌，午后特意去了江西艺术中心。虽然因疫情原因为市民提供了室外表演，场地略显零乱，但是走进休息大厅，剧场内部雅静的氛围又一次感染了我。坐在观众厅，看着小朋友们精彩的排练，听着厅内回响的声音，我确实领略到一种"美"和"悦"的感受。设计剧场的过程就是艺术与技术、视觉设计与听觉设计的融合。

因观众厅声场改造设计让我有机会回到北京大学百周年纪念讲堂，讲堂与学生生活密不可分，造就了它在北大人心中的地位。带着当初设计它时的心情，我再次仔细地端详它，建筑安静如初，依然亲切与熟识。确实，一恍竟然让我为它服务了二十余年，或许这才是建筑师真正的幸运所在。

　　1985 年 6 月在清华读书时，我随王丙麟先生及康健、胡天羽学长进行剧场调研，在东方歌舞团录音室测试时，我们作为"吸声体"在室内静坐等待，我用笔画下了当时的场景。多年过去了，这幅小画不只记录下当时工作、学习的情境，不只表达了空间的氛围及作画用笔的顺畅，更是表达出一种在婉妙声音下视觉的美好享悦。

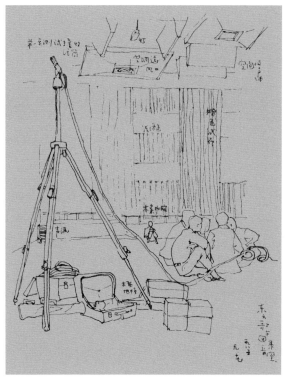

图书在版编目（CIP）数据

视美与听悦： 剧场观众厅设计的艺术与技术 / 张祺

著 . —— 北京： 中国建筑工业出版社，2021.10

ISBN 978-7-112-26136-9

Ⅰ . ①视 … Ⅱ . ①张 … Ⅲ . ①剧院 – 建筑设计 Ⅳ .

① TU242.2

中国版本图书馆 CIP 数据核字 (2021) 第 084001 号

责任编辑：张建　刘静

书籍设计：龙丹彤

责任校对：王烨

视美与听悦　剧场观众厅设计的艺术与技术

张祺　著

*

中国建筑工业出版社出版、发行（北京海淀三里河路 9 号）

各地新华书店、建筑书店经销

北京雅昌艺术印刷有限公司印制

*

开本：889毫米×1194毫米　1/16　印张：21　字数：358千字

2021 年 10 月第一版　2021 年 10 月第一次印刷

定价：**198.00**元

ISBN 978-7-112-26136-9

（37719）